“互联网+”新形态电子商务专业精品教材

短视频设计与制作
（全彩微课版）

主　编：袁　鑫
副主编：方　舟　李江冬　饶小华

電子工業出版社
Publishing House of Electronics Industry
北京·BEIJING

内容简介

本书全面贯彻《国家职业教育改革实施方案》中强调的“三教”改革精神，产学研深度融合，与行业领先企业合作共同进行课程开发，融入新规范、新工艺与新技术，从职业实际出发，紧密对接短视频运营岗位工作流程，依托真实项目，由浅入深，融“导、析、学、做、评、拓”为一体，以“强化职业技能、引导创新能力”为目标，精心设计了“短视频制作导引”、“短视频内容策划”、“短视频拍摄”、“短视频剪辑”与“短视频发布与推广”五个项目，每个项目根据知识点设置了若干任务，以情境任务为主导，引导学生逐步进入任务导入、任务分析、知识准备、任务实施、任务自测、任务评价、任务拓展等环节，最终达成培养学生具备短视频运营岗位相关知识、技能的目标。

本书配置微课、动画等数字化教学资源，有效突破教学重难点。通过网络教学平台实现全程教学管理，适时采集数据，依据平台记录，实现个性化学习和差异化指导。

本书适合作为职业本科院校、高等职业院校、中等职业院校新媒体、短视频等相关课程的教材，也可供短视频制作爱好者、包含“短视频”内容的“1+X”职业技能等级证书考证人员进行学习和参考。

图书在版编目（CIP）数据

短视频设计与制作：全彩微课版 / 袁鑫主编 . —北京：电子工业出版社，2023.8

ISBN 978-7-121-46086-9

Ⅰ. ①短… Ⅱ. ①袁… Ⅲ. ①视频制作－高等职业教育－教材 Ⅳ. ① TN948.4

中国国家版本馆 CIP 数据核字（2023）第 146952 号

责任编辑：贾瑞敏
印　　刷：中国电影出版社印刷厂
装　　订：中国电影出版社印刷厂
出版发行：电子工业出版社
　　　　　北京市海淀区万寿路 173 信箱　　邮编：100036
开　　本：787×1 092　1/16　印张：12.5　字数：320 千字
版　　次：2023 年 8 月第 1 版
印　　次：2024 年 7 月第 2 次印刷
定　　价：59.80 元

凡所购买电子工业出版社图书有缺损问题，请向购买书店调换。若书店售缺，请与本社发行部联系，联系及邮购电话：（010）88254888，88258888。

质量投诉请发邮件至 zlts@phei.com.cn，盗版侵权举报请发邮件至dbqq@phei.com.cn。

本书咨询联系方式：（010）88254019，jrm@phei.com.cn。

前言

全媒体时代悄然而至，短视频 + 直播已成为目前电商行业火爆的一种新型运营模式。如今正在风口上的短视频，正在搅动着行业格局！所以，本书就如同一对翅膀，抑或是一架鼓风机，希望能够帮助正站在短视频风口上的您，飞得更快、更远！

只要您坚持不放弃，认真学习完本书后，您将具备的主要知识与技能有：

- 能够进行短视频内容策划与脚本撰写；
- 能够利用摄影设备拍摄出画面构图精美、运镜技巧准确的短视频素材；
- 能够在遵循短视频剪辑原则的基础上，利用 Premiere 软件进行短视频剪辑合成；
- 能够掌握短视频运营推广的技能；
- 能够养成吃苦耐劳、团结合作、社会责任感的综合素养与职业道德；

......

当然，人的潜力是无穷的，坚持不懈的您，一定还会在不知不觉中有更大的收获！加油，祝您学得开心，学有所获，勇敢抓住风口，成功在新媒体领域起飞！学海无涯，我们与您携手同行！

本书具有以下特色。

（1）素养教育润物细无声。本书编写团队认真学习贯彻党的二十大精神，多次调研并找准短视频运营岗位工作流程中不同环节所必须具备的职业素养，通过“短视频传递正能量”“短视频创作与文化传播”“短视频拍摄与美感培养”“短视频剪辑与精益求精”“短视频助力乡村振兴”不同专题的素养课程，潜移默化地培养学生正确的价值观、传播传统文化的意识、发现与创造美的意识、精益求精的工匠精神及服务乡村振兴的社会责任感与短视频运营师的职业素养。

（2）体例新颖。本书全面对接企业岗位工作流程，分为五大模块，又细化分解成 17 个教学任务。本书包含“短视频制作导引”、“短视频内容策划”、“短视频拍摄”、“短视频剪辑”与“短视频发布与推广”五个项目，每个项目根据知识点设置了若干任务，以情境任务为主导，引导学生逐步进入任务导入、任务分析、知识准备、任务实施、任务自测、任务评价、任务拓展等环节，设置“学以致用”栏目，逐一攻破知识重难点问题，最终达成具备胜任短视频运营岗位的能力。

（3）产学研融合。本书属于湖南省社会科学课题“乡村振兴战略背景下高职农村电子商务专业人才培养路径研究”研究课题的一部分成果。根据高职学生职业能力培养要求和传统教学存在的问题，探索了基于职业能力培养的课程改革思路，以职业活动为主线，以学生为主体，以项目为载体，工学结合、学以致用进行教学改革。通过分析典型工作任务和职业能力，构建了基于工作过程的“短视频设计与制作”课程，从教学理念、教学模式、教学内容、教学方法、考核方式等方面进行了课程改革。本书结合短视频运营岗位技能要求，并在进行大量社会调研的基础上，多位一线教师与企业专家一起开发和完善整个课程内容，最后通过教学实践，使得“短视频设计与制作”课程的改革得以实现。

（4）互动性强。本书设置有“学以致用”与“任务自测”板块，该板块可以发散学习者思维，增强教学讨论氛围，及时检测并巩固知识与技能，有效提高学习效果。

（5）资源丰富。本书对应课程为湖南省精品在线开放课程。本书编写团队在“学银在线”建立网络开放课程，内有与本书配套的课程标准课件、教案、知识点微课、案例操作视频、作业、试题、案例素材、操作步骤等全套数字化资源。

本书的参考学时为48学时，其中实践环节24学时。为了方便读者教与学，这里提供各项目任务的学时分配供参考，详见表1。

表1 学时分配表

<table>
<tr><th rowspan="2">项目名称</th><th rowspan="2">任务名称</th><th colspan="3">学时分配</th></tr>
<tr><th>理论</th><th>实践</th><th>小计</th></tr>
<tr><td rowspan="2">项目一 短视频制作导引</td><td>任务1 短视频就业市场分析</td><td>0.5</td><td>0.5</td><td>1</td></tr>
<tr><td>任务2 短视频制作前期准备</td><td>1.5</td><td>1.5</td><td>3</td></tr>
<tr><td rowspan="2">项目二 短视频内容策划</td><td>任务1 短视频定位分析</td><td>1</td><td>1</td><td>2</td></tr>
<tr><td>任务2 短视频脚本创作</td><td>2</td><td>2</td><td>4</td></tr>
<tr><td rowspan="3">项目三 短视频拍摄</td><td>任务1 摄像用光</td><td>1</td><td>1</td><td>2</td></tr>
<tr><td>任务2 镜头使用</td><td>2</td><td>2</td><td>4</td></tr>
<tr><td>任务3 画面结构与构图</td><td>1</td><td>1</td><td>2</td></tr>
<tr><td rowspan="8">项目四 短视频剪辑</td><td>任务1 短视频剪辑基础</td><td>1</td><td>1</td><td>2</td></tr>
<tr><td>任务2 初识 Premiere</td><td>1</td><td>1</td><td>2</td></tr>
<tr><td>任务3 编辑技术</td><td>1</td><td>1</td><td>2</td></tr>
<tr><td>任务4 视频转场</td><td>2</td><td>2</td><td>4</td></tr>
<tr><td>任务5 视频效果</td><td>2</td><td>2</td><td>4</td></tr>
<tr><td>任务6 颜色校正与合成</td><td>2</td><td>2</td><td>4</td></tr>
<tr><td>任务7 音频处理</td><td>2</td><td>2</td><td>4</td></tr>
<tr><td>任务8 字幕创建</td><td>2</td><td>2</td><td>4</td></tr>
<tr><td rowspan="2">项目五 短视频发布与推广</td><td>任务1 短视频发布</td><td>1</td><td>1</td><td>2</td></tr>
<tr><td>任务2 短视频推广</td><td>1</td><td>1</td><td>2</td></tr>
<tr><td colspan="2">学时小计</td><td>24</td><td>24</td><td>48</td></tr>
<tr><td colspan="4">学时总计</td><td>48</td></tr>
</table>

本书由湖南商务职业技术学院与长沙市爱巴森网络科技有限公司联合开发。本书大纲的设计与项目一、项目二、项目三、项目四（任务 1 ～ 7）的撰写和定稿由湖南商务职业技术学院袁鑫完成，项目四（任务 8）与项目五由湖南商务职业技术学院方舟完成，项目三中的图片由湖南商务职业技术学院李江冬拍摄，各任务案例的前期需求调研与分析由长沙市爱巴森网络科技有限公司饶小华负责。

本书课程教学团队总结多年来课程实践教学经验，并在撰写过程中，参考了很多专家学者的研究成果。感谢在教材案例拍摄中提供帮助的湖南商务职业技术学院短视频制作学生团队（邹嘉仪、匡瑞明、杨伏旺、刘楚江、李凌芳、曹倩倩、杨好、刘敏、刘楚、黄海贵、蒋中和、戴杨娜、闫润阳、赵平波、谭家权、卢良梅、向宇、周述哲、林芝），同时也感谢电子工业出版社编辑们的大力支持和热情帮助，在此，谨向各位致以最真挚的谢意。由于编者水平有限，书中难免有出现不足之处，敬请广大读者批评指正。

编者

目录

项目一

短视频制作导引

教学目标

知识目标：

- 掌握短视频相关岗位的能力要求；
- 熟悉短视频的内容生产模式；
- 熟悉短视频主流平台；
- 熟悉短视频制作前期的器材准备。

能力目标：

- 具备搜集与整理短视频相关岗位信息的能力；
- 具备区别短视频内容生产模式的能力；
- 具备短视频制作前期准备工作的能力。

创新素质目标：

- 培养学生清晰有序的逻辑思维；
- 培养学生数据分析与总结的意识；
- 培养学生系统分析与解决问题的能力；
- 培养短视频传递正能量的意识；
- 熟悉国家颁布的互联网相关法律法规；
- 树立正确的网络安全观，树立服务社会与区域经济的理想信念；
- 弘扬“法治、敬业、诚信”的社会主义核心价值观。

思维导图

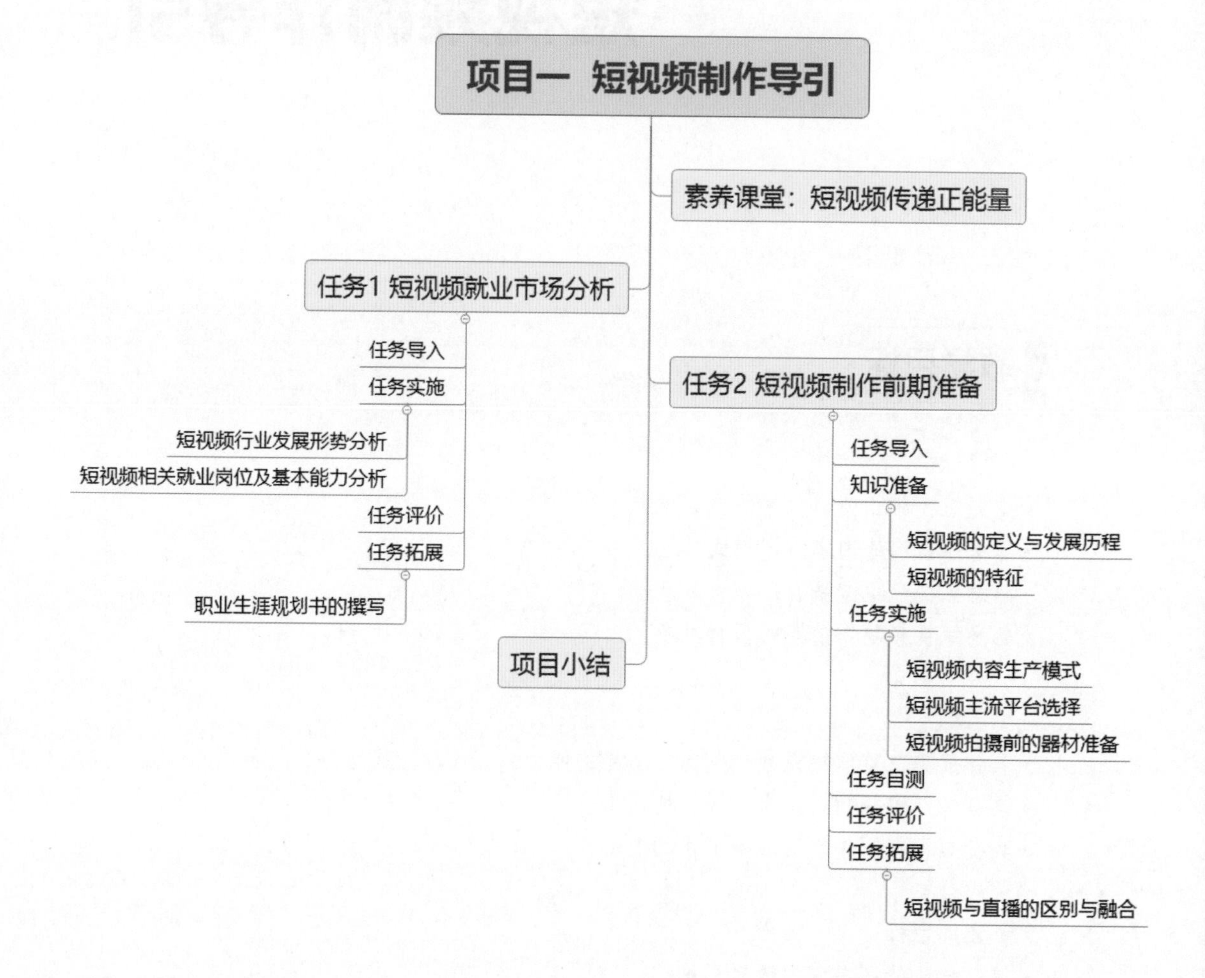

素养课堂 短视频传递正能量

短视频传递正能量

任务 1 短视频就业市场分析

任务导入

李明明是湖南商务职业技术学院2021级移动商务专业的学生，他的老家在湖南省一个偏远的山区。随着短视频领域的不断升温及其巨大商业前景的展现，越来越多的个人和团队都争相进入短视频制作领域。作为电子商务类专业的学生，掌握短视频的设计与制作是最基本的专业素养要求，为此，李明明暗暗立下决心，一定要将短视频的设计与制作的技能掌握好，更好地服务乡村振兴，为家乡的经济发展贡献自己的一份力量。为了能够成为一名社会真正需要的人才，李明明需要认真思考与分析以下几个问题：

问题1：与短视频相关的就业岗位都有哪些呢？

问题2：短视频相关岗位的职责与能力要求是什么呢？

微课视频：短视频就业岗位分析

任务实施

学习前，我们要深入了解本课程所对应的职业岗位是什么。若想达到职业岗位要求，需要先清楚应具备哪些核心职业能力。只有做好了充足的准备，才能让我们的学习有的放矢。所以，本任务将对短视频发展形势及相关岗位进行梳理。

一、短视频行业发展形势分析

1. 网络短视频用户规模持续扩大

2023年3月2日，中国互联网络信息中心（CNNIC）在京发布第51次《中国互联网络发展状况统计报告》（简称《报告》）。《报告》显示，截至2022年12月，短视频用户规模首次突破十亿，用户使用率高达94.8%。随着用户规模的进一步扩大，短视频与新闻、电商、直播等业务加速融合，信息发布、内容变现能力逐渐增强，逐步渗透至网民生活的全场景。

2. 年轻用户规模触顶，中老年用户贡献规模增量

随着人口老龄化进程加快，年轻用户规模触顶。2021年我国短视频用户中20～39岁占比由2020年的49.6%下降至39.7%，整体规模有所缩减，而50岁以上用户占比由2020年的14.2%升至27.4%，中老年用户成为规模增量的贡献群体。

3. 短视频行业未来发展前景好

（1）互联网用户观看短视频需求不断增加。短视频已成为现代社会最受欢迎的娱乐方式之一。互联网用户正投入更多时间观看短视频，对短视频内容制作市场产生庞大需求。

（2）更多的网络平台支持。由于短视频能吸引大量观众，从而产生变现机会，主要网络平台正提供财务补贴及用户流量，以刺激优质短视频的制作。

（3）更多专业内容制作者参与。鉴于短视频的流行及高营销效率，更多的人才正进入短视频内容制作市场，提高短视频制作整体质量及内容吸引力。

（4）短视频内容制作的价值链日趋成熟。短视频内容制作市场已发展出成熟的价值链，尤其一些短视频机构的出现，从概念开发至内容制作，为短视频内容制作者提供综合及专业支持的同时，还为其进一步物色合适的广告主及网络平台资源。

（5）新技术赋能短视频行业。未来短视频内容将趋向交互化，用户可以通过触发屏幕、语音识别等方式参与其中。随着人工智能技术的不断发展，短视频行业也将会得到新技术的赋能。AI技术可以优化推荐算法、自动化制作等方面，从而更好地提高用户体验和内容质量；虚拟现实和增强现实技术的发展，也将为短视频行业带来更多的可能性。

随着国家加强对短视频行业的监管，平台对用户发布的短视频内容也正在加强审核力度。综合来看，短视频行业发展潜力巨大。

二、短视频相关就业岗位及基本能力分析

1. 新媒体+短视频直播就业岗位分析

通过对招聘网站相关岗位的梳理，我们不难发现，目前短视频相关就业岗位人才需求量非常大，该类岗位主要就业方向有以下5类。

（1）新媒体运营岗，主要负责微博/微信、自媒体运营、社群运营、媒介推广等工作。如果已熟练掌握了2～3项运营技能，可以达到高级新媒体运营或新媒体运营主管级别。

（2）短视频运营岗，主要负责短视频运营、直播策划、剪辑制作等工作。短视频运营岗也是这几年比较火的岗位，大量的企业都在尝试走短视频路线，开拓线上销售渠道，所以现在企业正在大批量地招聘短视频运营人才。

（3）直播电商运营岗，主要工作是在抖音、快手平台上开展直播相关工作，包括活动策划、直播间引流、主播培训、选品、数据分析等。

（4）社群运营岗，主要工作内容是强化与用户的直接关系，通过各种手段来拉新用户，激活老用户，从而为企业带来价值。因为社群运营的价值比较大，很多企业对社群运营的岗位人才开出了较高的薪资待遇。

（5）活动策划岗，主要工作内容包括视频内容的创意产出及脚本撰写。该岗位人才能够高效捕捉热点，通过调研与分析，清楚各个受众群体的文案风格，懂得对各种素材，包括文字、图片、视频等按照规定进行有效处理，完善节目内容，迅速提高影响力和粉丝数，增加流量。

2. 岗位基本能力分析

如果想要从事短视频相关工作，无论是哪一种具体的岗位，有几大基本能力是必须要掌握的，如表1-1-1所示。

表 1-1-1　岗位基本能力

能力名称	能力要求
用户调查能力	了解用户的画像、渠道、喜好等
内容制作能力	掌握制作营销内容（如方案、海报、活动等）的方法
渠道选择能力	了解用户可能活跃的渠道，了解这些渠道的特点，提出有效的解决方案
数据分析能力	能够从海量数据里提取出有效的信息，提出有利、有可行性的解决办法
调整优化能力	根据用户与市场的反馈，去做产品更新、迭代、创意的制作等

学以致用

请同学们登录各大招聘网站，以“短视频”“短视频运营”“短视频策划”等为关键字，搜索相关岗位，并整理岗位的相关信息。

任务评价

评价项目	评价内容	自我评价等级				
		优	良	中	较差	差
知识评价	掌握短视频相关岗位的能力要求					
	掌握短视频行业发展形势					
技能评价	具有独立分析短视频岗位的能力					
	具有知识迁移的能力					
创新素质评价	能够清晰有序地梳理与实现任务					
	能够挖掘出课本之外的其他知识与技能					
	能够利用其他方法来分析与解决问题					
	能够进行数据分析与总结					
	访问符合国家法律法规的短视频平台					
	观看传递正能量与正向价值观的短视频作品					
	能够正确看待网络安全问题					
	能够诚信对待作业原创性问题					
课后建议及反思						

任务拓展

文本资料：职业生涯规划书的撰写

任务 2 短视频制作前期准备

任务导入

李明明深知做任何事情，事前有准备，成功的机率就会大得多。孙子兵法中也曾说过，知己知彼，方能百战不殆。在对职业岗位展开充分的分析与梳理后，对于未来，他有了更清晰的目标。同时，他也逐渐意识到，单纯靠一腔热忱是无法制作出高品质的短视频作品的，还是需要在短视频制作方面有更全面深入的学习才行。他的脑海里出现了若干问题，让我们来一起帮助他解决吧！

问题 1：随着互联网应用的发展，个人和专业团队都可以制作短视频。那么，个人和专业团队所制作的短视频有什么区别呢？

问题 2：短视频平台有很多，每个平台各自的优势是什么呢？若想进军短视频领域，到底选择哪个平台来运营呢？

问题 3：在制作短视频之前，我们应该准备哪些器材呢？

知识准备

文本资料：短视频的定义与特征

微课视频：短视频的定义与发展历程

微课视频：短视频的特征

任务实施

微课视频：短视频内容生产模式

一、短视频内容生产模式

短视频内容生产模式主要有六种，分别为用户生成内容（User Generated Content，UGC）、专业生产内容（Professionally Generated Content，PGC）、职业化生产内容（Occupationally Generated Content，OGC）、专业用户生产内容（Professional User Generated Content，PUGC）、多频道网络（Multi Channel Network，MCN）、企业自有媒体（Enterprise Owned Media，EOM）。

1. 用户生成内容（User Generated Content，UGC）

用户生成内容，即用户原创内容，该概念最早起源于互联网领域，即用户将自己原创的内容通过互联网平台进行展示或提供给其他用户。它是伴随着“以提倡个性化”为主要特点的Web2.0概念而兴起的，也可叫作User Created Content（UCC）。它并不是某一种具体的业务，而是一种用户使用互联网的新方式，即由原来的以“下载”为主，变成“下载”和“上传”并重。随着互联网的发展，网络用户的交互功能得以体现，用户既是网络内容的浏览者，也是网络内容的创造者。YouTube、优酷等网站都可以看作是UGC模式的成功案例，社区网络、视频分享、博客和播客（视频分享）等都是UGC模式的主要应用形式。

2. 专业生产内容（Professionally Generated Content，PGC）

专业生产内容，用来泛指内容个性化、视角多元化、传播民主化、社会关系虚拟化，也称Professionally Produced Content（PPC），经由传统广电从业者按照几乎与电视节目无异的方式进行制作，但在内容的传播层面，却必须按照互联网的传播特性进行调整。

现在的专业视频网站大多采用PGC模式，分类更专业，内容质量也更有保证；很多电商媒体，特别是高端媒体采用的也是PGC模式，其内容设置及产品编辑均非常专业，非UGC模式能达到的。优酷土豆是最早发力于PGC模式的视频网站之一。从内容上，PGC模式是从内容生产、内容推广，到品牌的形成、粉丝的汇聚，最终内容品牌被粉丝反哺并进行自推广的整套生态闭环。

3. 职业化生产内容（Occupationally Generated Content，OGC）

职业化生产内容，是指由具有一定专业知识背景的行业人士生产内容，生产者通常会领取相应报酬。OGC模式的生产主体是从事相关领域工作的专业人员，具有相关领域的职业身份，其内容的典型特征就是质量高。

UGC、PGC与OGC三者之间既有密切联系又有明显的区别。一个平台或网站的PGC和UGC有交集，表明部分专业内容生产者，既是该平台的用户，也以专业身份贡献具有一定水平和质量的内容，如微博平台的意见领袖、科普作者和政务微博等。当一个平台或网站的PGC和OGC有交集，表明一部分专业内容生产者既有专业身份，也以提供相应内容为职业。

因此，UGC和PGC的区别在于有无专业的学识、资质，是否在所共享内容的领域具有一定的知识背景和工作资历。PGC和OGC的区分相对容易，以是否领取相应报酬进行区分，PGC往往是出于爱好，义务地贡献自己的知识，提供内容，而OGC是以职业报酬为前提，其创作内容属于职业行为。

4. 专业用户生产内容（Professional User Generated Content，PUGC）

专业用户生产内容也称专家生产内容，是指在移动音视频行业中，将 UGC 与 PGC 相结合的内容生产模式。

5. 多频道网络（Multi Channel Network，MCN）

多频道网络是一种与视频平台合作的模式，通过将 PGC 内容联合起来，在资本的有力支持下，保障内容的持续输出，从而最终实现商业的稳定变现，通俗地说就是视频版的联盟。

MCN 就像是一个中介公司，上游对接优质内容，下游寻找推广平台进行变现。国外的 MCN 早期以经纪模式为主，帮助视频红人变现。国内的 MCN 和国外的模式不太一样，而是在经纪模式基础上，为红人们持续生产内容提供更多的帮助，让红人专注于内容生产，让其内容创作变得更简单，同时帮助他们进行商业变现。

6. 企业自有媒体（Enterprise Owned Media，EOM）

企业自有媒体，一般指企事业单位自身所拥有的自媒体平台，如奔驰、海尔等大企业的公众号，或者一些小微企业的抖音号等。

学以致用

请同学们完成以下任务：

1. 分析 UGC、PGC、OGC、PUGC、MCN、EOM 的相同与不同之处。
2. 在互联网上搜索短视频作品，判断所搜索到的短视频是属于哪一种类型。

二、短视频主流平台选择

微课视频：短视频主流平台

（一）网络短视频平台与内容审核的相关法律法规

2019 年 1 月 9 日，中国网络视听节目服务协会公布了《网络短视频平台管理规范》及《网络短视频内容审核细则》。《网络短视频平台管理规范》从内容管理、审核制度、认证体系、技术要求四个方面对短视频平台做出整体规范，《网络短视频内容审核细则》的 100 条细则又在内容审查层面将审核标准深入细化。在学习两个文件之后，我们可以从中总结出关于短视频管理的十大关键词，如表 1-2-1 所示。

表 1-2-1　短视频管理的十大关键词

关键词	说　明
正能量	网络短视频平台应当积极引入主流新闻媒体和党政军机关团体等机构开设账户，提高正面优质短视频内容供给。网络短视频平台在内容版面设置上，应当围绕弘扬社会主义核心价值观，加强正向议题设置，加强正能量内容建设和储备。网络短视频平台应当合理设计智能推送程序，优先推荐正能量内容

续表

关键词	说　明
先审后播	网络短视频平台实行节目内容先审后播制度。平台上播出的所有短视频均应经内容审核后方可播出，包括节目的标题、简介、弹幕、评论等内容
审查队伍	网络平台开展短视频服务，应当根据其业务规模，同步建立政治素质高、业务能力强的审核员队伍。审核员应当经过省级以上广电管理部门组织的培训，审核员数量与上传和播出的短视频条数应当相匹配。原则上，审核员人数应当在本平台每天新增播出短视频条数的千分之一以上
保护版权	网络短视频平台应当履行版权保护责任，不得未经授权自行剪切，改编电影、电视剧、网络电影、网络剧等各类广播电视视听作品；不得转发 UGC 上传的电影、电视剧、网络电影、网络剧等各类广播电视视听作品片段；在未得到 PGC 机构提供的版权证明的情况下，也不得转发 PGC 机构上传的电影、电视剧、网络电影、网络剧等各类广播电视视听作品片段。网络短视频平台不得转发国家尚未批准播映的电影、电视剧、网络影视剧中的片段，以及已被国家明令禁止的广播电视节目、网络节目中的片段
未成年监护	网络短视频平台应当建立未成年人保护机制，采用技术手段对未成年人在线时间予以限制，设立未成年人家长监护系统，有效防止未成年人沉迷短视频
封杀劣迹艺人	短视频平台不得为包括吸毒嫖娼在内的各类违法犯罪人员及黑恶势力人物提供宣传平台，并着重展示其积极一面
限制丧文化	短视频平台不得宣扬不良、消极颓废的人生观、世界观和价值观的内容，包括拜金主义、享乐主义、丧文化等
抵制低俗	短视频平台不得展示淫秽色情，渲染庸俗低级趣味，宣扬不健康和非主流的婚恋观的内容
实名认证	网络短视频平台对在本平台注册账户上传节目的主体，应当实行实名认证管理制度。对机构注册账户上传节目的，应当核实其组织机构代码证等信息；对个人注册账户上传节目的，应当核实身份证等个人身份信息
共享“黑名单”	网络短视频平台应当建立“违法违规上传账户名单库”。各网络短视频平台对“违法违规上传账户名单库”实行信息共享机制。对被列入“违法违规上传账户名单库”中的人员，各网络短视频平台在规定时期内不得为其开通上传账户

（二）短视频主流平台

现在短视频平台非常多，到底每个平台各自的优势是什么，让我们一起了解一下六大主流短视频平台吧！

1. 抖音

抖音是北京字节跳动科技有限公司（简称字节）旗下产品，是一款可以拍摄短视频的音乐创意短视频社交软件，该软件于 2016 年 9 月上线，是一个专注年轻人音乐短视频社区平台。2022 年 5 月，抖音主站月活跃用户数为 6.75 亿，同比增长 7.2%；抖音极速版月活跃用户数为 2.18 亿，同比增长 36.1%。

2. 快手

快手是北京快手科技有限公司旗下的产品。快手的前身，叫“GIF 快手”，诞生于 2011 年 3 月，最初是一款用来制作、分享 GIF 图片的手机应用。2012 年 11 月，快手从纯粹的工具应用转型为短视频社区，成为用户记录和分享生产、生活的平台。后来随着智能手机的普及和移动流量成本的下降，快手在 2015 年以后迎来市场。2016 年 10 月，快手总用户数量达 3 亿。2017 年 3 月，快手获得腾讯 3.5 亿美元的融资。2018 年 9 月 14 日，快手宣布以 5 亿元流量计划，在未来三年投入价值 5 亿元的流量资源，助力 500 多个国家级贫困县优质特产推广和销售，帮助当地农户脱贫。2022 年 5 月，快手主站月活跃用户数为 3.93 亿，同比减少 7.5%；快手极速版月活跃用户数为 2.11 亿，同比增长 21.8%。

3. 微视

微视是腾讯旗下短视频创作与分享社区。用户可通过 QQ、腾讯微博、微信或腾讯邮箱账号登录，可以将拍摄的短视频同步分享到微信好友、朋友圈、QQ 空间、腾讯微博。虽然微视目前在短视频平台中月活跃用户数没有排在前 3 位，而是在第 4 位或第 5 位的位置，但依靠腾讯强大的社交"基因"及微信现成的生态系统，微视的潜力不容小觑。

4. 西瓜视频

西瓜视频是字节旗下的个性化推荐短视频平台，通过人工智能帮助每个人发现自己喜欢的视频，并帮助视频创作者轻松地向其他人分享自己的视频作品。字节对抖音定位在竖版短视频，对西瓜视频定位更多在横版短视频。

前面讲的抖音、快手、微视、西瓜视频这 4 个平台，都是主流的专业短视频平台。下面介绍非短视频平台，但有短视频模块的平台，其短视频在电商带货方面非常有效，一个是淘宝短视频，另一个是种草口碑分享型社交平台——小红书短视频。

5. 淘宝短视频

淘宝中使用的短视频非常多，主要目的是通过短视频的方式直观地体现商品的特点，通过场景式营销促成消费者购买。淘宝中短视频有主图短视频、详情页短视频、微淘短视频、哇哦视频等，如果要提升网店的购买转化率，可以制作精致的主图短视频，来吸引买家眼球，通过语音 + 视频的方式全方位展示商品特性，使商品更真实直观地呈现给消费者，从而可以帮助店主有效提高页面停留率，最终实现购买转换率的提升。图 1-2-1 为某淘宝店铺麻阳冰糖橙详情页的主图短视频展示。

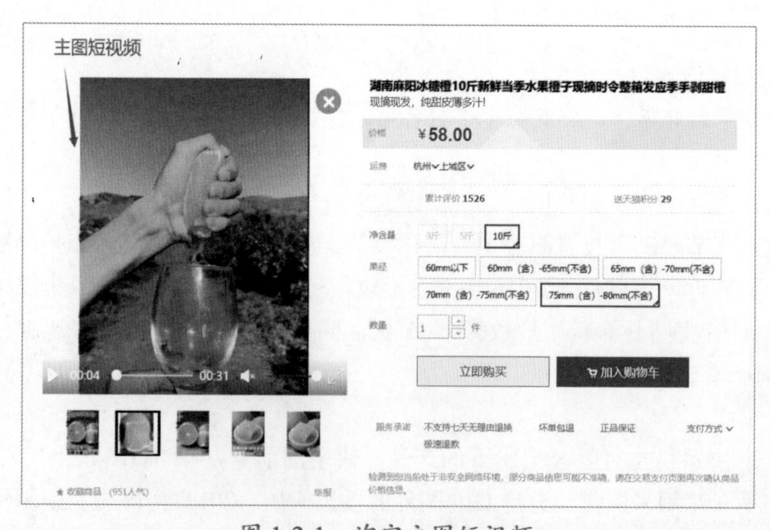

图 1-2-1　淘宝主图短视频

6. 小红书短视频

小红书是一个生活方式展示平台和消费决策的入口。截至2019年7月，小红书用户数已超过3亿，其中70%用户是90后。在小红书社区，用户通过文字、图片、视频笔记的分享，记录了这个时代年轻人的正能量和美好生活。2021年4月，小红书《社区公约》上线，从分享、互动两个方面对用户的社区行为规范做出规定，要求博主在分享和创作过程中如受商家提供赞助或便利，应主动申明利益相关。在申明利益相关前提下，由用户自行判断是否“被种草”。与其他电商平台不同，小红书是从社区起家的，社交分享功能非常强大。

小红书短视频的独特性主要体现在两点：一为口碑营销，二是结构化数据下的选品。小红书的分享种草平台属性使其在内容电商的转化率和复购率上远远高于同类短视频平台。

学以致用

请同学们完成以下任务：

请从平台定位、粉丝群体、视频长度、视频呈现（横屏、竖屏）、收益方式等维度，分析目前排名前6名的主流短视频平台，了解它们之间的不同与相同之处，并填入表1-2-2中。

表1-2-2 短视频平台分析

短视频平台	平台定位	粉丝群体	视频长度	视频呈现	收益方式
抖音					
快手					
微视					
西瓜视频					
淘宝短视频					
小红书短视频					

三、短视频拍摄前的器材准备

微课视频：短视频拍摄前的器材准备

“工欲善其事，必先利其器”，在短视频拍摄前期，创作团队可以根据制作经费、成片效果和制作时间等因素选择拍摄器材。

（一）拍摄器材

目前，拍摄短视频使用的设备主要有手机、专业单反相机、专业摄像机、运动相机和无人机等。根据拍摄内容和投入预算的不同来选择，它们各有其优点和缺点。

1. 手机

随着科技发展，大部分手机品牌厂商都在加强手机的摄影摄像功能。目前，手机摄影摄像和美颜功能不仅全面而且专业，随拍随出片，特别是华为、小米等国产品牌推出的高端机型，它们的视频录制功能已经非常优秀了。图 1-2-2 为手机拍摄短视频的场景，使用手机拍摄短视频最大的优点在于便携。如果搭配手机专用的稳定器，如图 1-2-3 所示，则可以减少画面的抖动，得到比较稳定的画面。

图 1-2-2　手机拍摄短视频场景

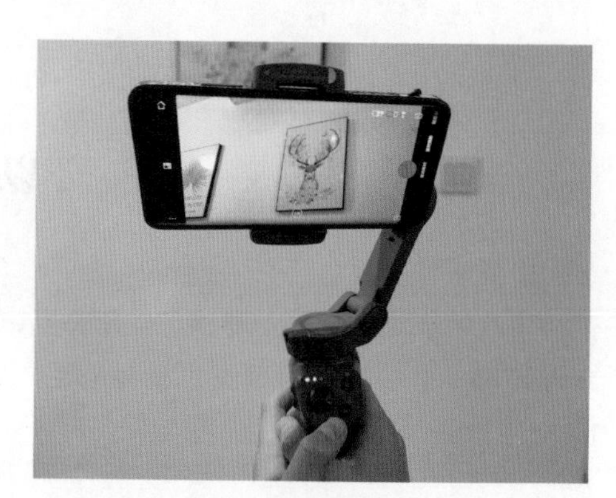

图 1-2-3　手机手持云台

虽然目前的手机拍摄功能已经较之前有了大幅度提升，但是如果追求更精致的画面质量，还是需要使用更加专业的设备。

2. 单反相机

使用单反相机拍摄短视频是很多短视频创作团队的选择，因为单反相机的画质比手机拍摄的效果好。现在绝大多数的专业单反相机都可以拍摄 2K 或 4K 高清视频，而且价格比同等参数的专业摄像机要低。另外，因为视频封面的制作有时还需要图片，相机既可以拍摄出具有优质画面的图片，还可以录制高清视频，从一定程度上节约了团队的成本。

图 1-2-4　专业摄像机

3. 摄像机

如果短视频的内容多为静态镜头，可以选择使用单反相机；如果短视频的内容多为运动镜头，使用摄像机拍摄的效果会更好，如图 1-2-4 所示。专业摄像机的变焦区段更大，镜头的最大光圈值也更大，电池电量更大，散热能力更强，可连续拍摄时间更长。很多专业摄像机提供了多种收音设备接口，功能比较强大，而且拍摄的画面质量更高、更专业，但是其缺点是专业摄像机的价格都很高，体积也比较大。

4. 运动相机或无人机

拍摄运动类或环境全景时，我们还需要使用到运动相机或无人机，如图 1-2-5 所示。运动相机可以固定在自行车或头盔上，也可以佩戴在胸前，还可以在水中或各种恶劣环境下拍摄照片和视频，非常适合拍摄户外场景或佩戴在宠物身上拍摄宠物视角。在一些旅拍视频或纪录片视频中，常常使用无人机拍摄，同样的风景画面，通过无人机可以拍摄出大气磅礴的效果。

运动相机

无人机

图 1-2-5　运动相机和无人机

（二）稳定拍摄的工具设备

为了拍摄出好的短视频，仅靠一台摄像机是远远不够的，因为镜头会左右摇晃，所以还需要稳定设备，最常用的就是三脚架、手持平台、滑轨等。市面上的三脚架有摄影三脚架和摄像三脚架两种，如图 1-2-6 所示。拍摄视频常用的是摄像三脚架，相比摄影三脚架，使用摄像三脚架拍摄的视频更稳定，可以更好地完成推、拉、升、降等运动镜头的拍摄。

摄影三脚架

摄像三脚架

图 1-2-6　三脚架

（三）布光设备

与摄影灯光不同，拍摄视频时一般用的都是常亮光源，比较常见的有 LED 常亮灯和摄影灯。一般千元左右可以买一套国产品牌的摄影灯，根据拍摄需要可以搭配柔光箱、标准罩等。

（四）收音设备

声音对于一部短视频作品来说实在太重要了，前期声音录不好，后期作品毁一半。可以通过拍摄设备、小蜜蜂、H6 录音机等来进行录音。其中使用拍摄设备自行录音无疑是最省钱的一种方式，只要所使用的设备性能还不错，录出来的声音并不会很差。这种录音方式又省钱又省事，但相对来说，声音的质量比不上专业的录音设备，原因是使用拍摄设备录音的同时其收声的范围会比较广，对于观看视频的人来说，声音可能会有距离感。

小蜜蜂录音比起拍摄设备自录音的音质要好一些，声音也不会有距离感，但缺点是拍摄时要求录播的人必须佩戴，从画面上看稍微有些影响美观。其次，小蜜蜂是需要安装电池的，只要拍摄途中电量过低，收音的小蜜蜂就会有噪音产生，这是一个要命的缺点。所以使用小蜜蜂录音时，一定要保证电量充足。像小蜜蜂这样的设备，更适合用于录制时长较短的短视频，这样录制时不会有什么差错，而且只要把小蜜蜂和拍摄设备相连，收录的声音会自动录入摄像机，后期也不用耗费时间去分类整理声音和画面了。

相对专业些的录音设备，如 H6 录音机，这个系列的录音设备录音质量很好，录音之前要先设置好声音的参数，如音量的高低，并最好提前检测一下。设备的位置离录播的人越近越好，录音的时候要自己控制开关，从而跟进录播的进度，其缺点就是需要一个专门负责录音的人，这就增加了人力成本。

学以致用

请同学们完成以下任务：

请通过查询各大电商平台或资讯信息网站，了解制作短视频的器材都有哪些，并以思维导图的形式，对短视频制作前的器材进行整理。

任务自测

在线测试

任务评价

评价项目	评价内容	自我评价等级				
		优	良	中	较差	差
知识评价	熟悉短视频内容生产模式					
	熟悉短视频主流平台					
	熟悉短视频拍摄前的器材准备工作					
技能评价	具有独立分析短视频内容生产模式的能力					
	具有完成短视频制作前期准备的能力					
	具有知识迁移的能力					
创新素质评价	能够清晰有序地梳理与实现任务					
	能够挖掘出课本之外的其他知识与技能					
	能够利用其他方法来分析与解决问题					
	能够进行数据分析与总结					
	访问符合国家法律法规的短视频平台					
	观看传递正能量与正向价值观的短视频作品					
	能够正确看待网络安全问题					
	能够诚信对待作业原创性问题					
课后建议及反思						

任务拓展

文本资料：短视频与直播的区别与融合分析

微课视频：短视频与直播的区别与融合

项目小结

本项目让学生了解短视频相关岗位的能力要求，了解短视频主流平台，能够区分短视频内容生产模式，具备短视频制作前期准备工作的能力，培养学生正确的价值观，利用短视频的传播特性传递身边的正能量。

项目二

短视频内容策划

教学目标

知识目标：

- 掌握短视频的类型；
- 掌握短视频的用户画像；
- 掌握短视频选题策划；
- 掌握短视频脚本的概念与分类；
- 掌握分镜头脚本的格式与设计方法。

技能目标：

- 具备根据不同主题完成短视频策划的能力；
- 具备短视频脚本创作的能力；
- 具备设计短视频分镜头脚本的能力。

创新素质目标：

- 培养学生清晰有序的逻辑思维；
- 培养学生文学创作与分析的意识；
- 培养学生系统分析与解决问题的能力；
- 培养学生传播传统文化的意识；
- 培养学生短视频策划的文化修养。

思维导图

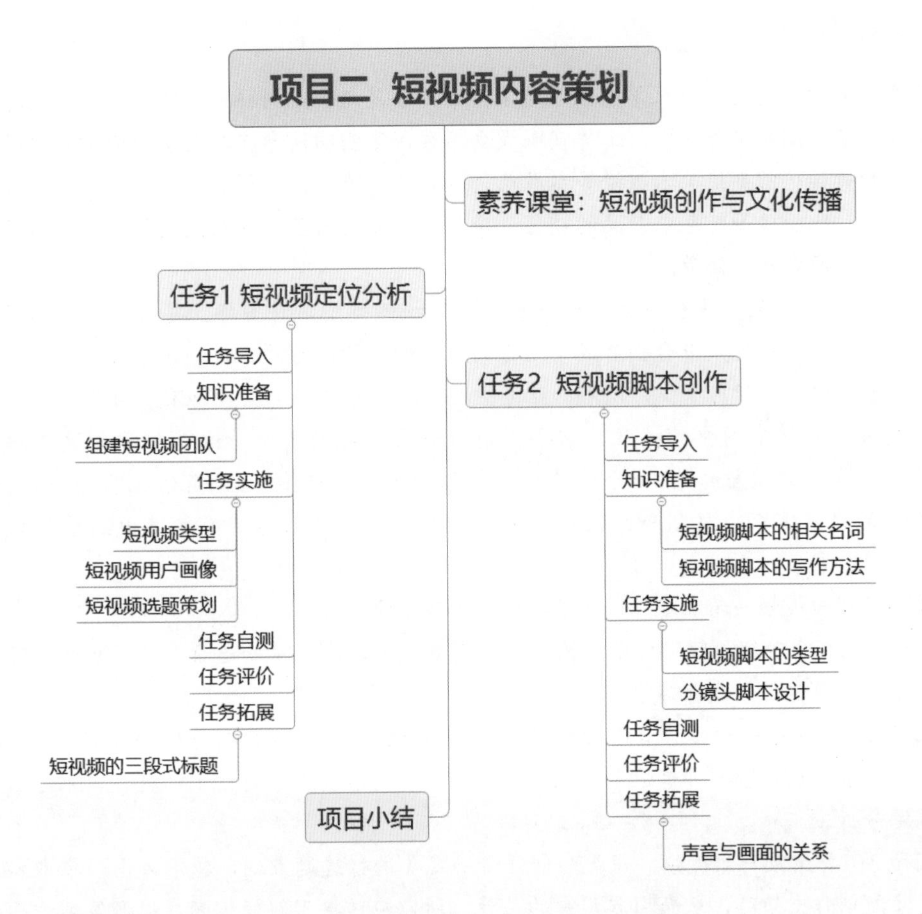

素养课堂 短视频创作与文化传播

短视频创作与文化传播

任务1 短视频定位分析

任务导入

李明明同学意识到一个人单打独斗是不行的，于是与班上同样来自农村的3名优秀的同学一起，成立了“湘果工作室”。工作室刚成立不久，李明明同学在与老家亲戚聊天的时候，了解到老家的黄桃、猕猴桃、冰糖橙等水果已进入收获季节，他希望能够通过短视频营销手段促进家乡黄桃、冰糖橙等特色农产品的销售。李明明决定为自己家乡人民制作一系列水果宣传短视频，以此提高农产品销量。

“湘果工作室”团队发现目前各大平台上的短视频类型多种多样，其针对的目标用户群体也各有不同，每个短视频平台拥有成千上万的短视频账号。有的短视频账号每天都更新作品，作品内容也可以，粉丝却很少，而有的账号主页上就几个作品，粉丝却有上百万。

要想吸引到精准用户的关注，需要提前做好短视频的定位，这是非常关键的一步，直接影响到短视频流量与转化。一个优质短视频账号的运营与推广，只有依托明确的目标受众，确定用户的精确需求，找到合适的短视频选题，才能够源源不断地打造出高质量的短视频作品。

要想实现短视频的精准定位，必须要解决如下三个问题。

问题1：在明确短视频定位前，为了做到有的放矢，我们得知道目前的短视频内容主要有哪些类型，主要适用领域有哪些。

问题2：无论短视频创作者运营短视频的目的是什么，短视频制作好后，都是要呈现给用户的，需要清楚短视频创作者应如何深入目标群体进行调查，了解他们的具体需求，从而完成用户画像分析。

问题3：要想做好短视频，短视频创作者一定要进行选题策划，找准方向，在内容上做好定位，才能创作出精品，从而引起用户的关注。所以应该要了解短视频在选题策划方面的注意事项。

知识准备

文本资料：组建短视频团队

微课视频：组建短视频团队

任务实施

微课视频：短视频类型

一、短视频类型

目前，各大平台上的短视频类型多种多样，其针对的用户群体也各不相同。我们主要从短视频渠道类型、短视频内容类型和短视频生产方式类型来分析不同类型的短视频。

（一）短视频渠道类型

按照短视频平台特点和属性，可以将其细分为五个渠道，分别是资讯客户端渠道、在线视频渠道、短视频渠道、媒体社交渠道、垂直类渠道，如图 2-1-1 所示。根据运营目的不同，实际上各渠道也可以进行更深一步的划分，个别渠道在细分上会有些交叉。

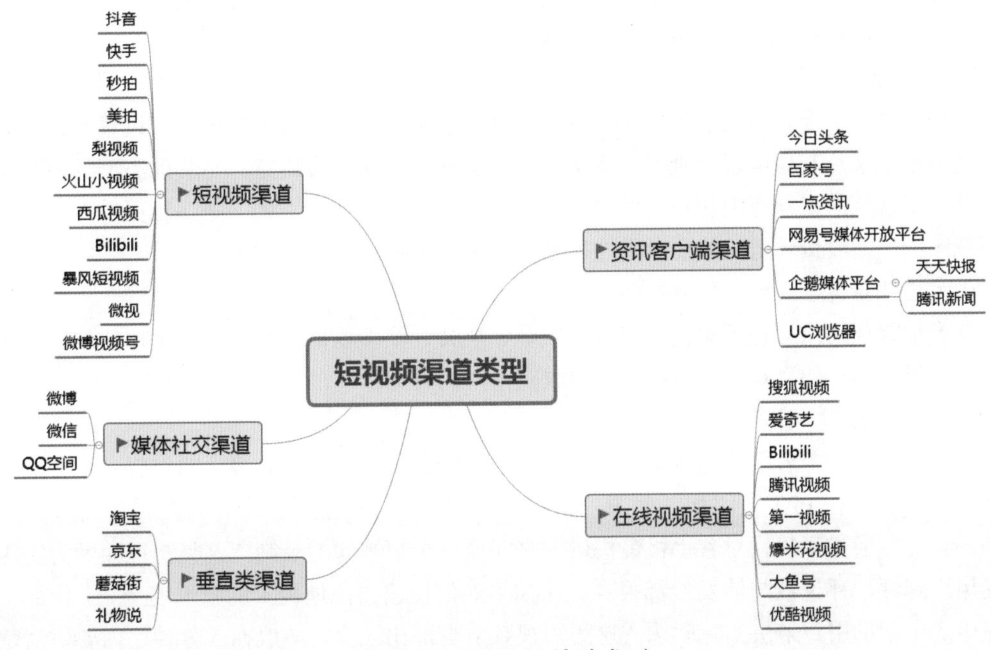

图 2-1-1　短视频渠道类型

（二）短视频内容类型

按照短视频内容的分类，大致可以分为以下 10 种，但不限于这 10 种。

1. 搞笑类

搞笑类内容在短视频中占有比较大的比重，因为许多人看短视频的目的是娱乐消遣，缓解压力。这种短视频包括段子、情景剧与脱口秀等类型，每一种类型都因其所具有的诙谐搞笑特性，给观众带来极大的乐趣。比如爆笑迷你剧《陈翔六点半》中的每一集都有一至两个故事情节，内容贴近生活，通常由两人以上出演，注重情节反转，能够让观众在较短的时间内感到快乐与放松。

2. 访谈类

这类短视频主要以一个话题来开头，让路人就相关话题进行回答，或者由一个人提出问题，下一个人接着回答，以此来捕捉路人那些意想不到的反应。比如神街访的“你认为哪里的方言最难懂？最好听？”作品，就将不同地方的方言剪辑在一起，给人留下了深刻的印象。

3. 电影解说类

创作这类短视频，要求创作者的声音具有辨识度，且善于挖掘电影素材，电影素材一般选自热门电影或经典电影。电影解说类短视频也可以进行电影盘点，为网友推荐一些优秀的电影作品等，比如《穷电影》以不标准的普通话进行电影解说，走出了一条自己的风格之路，积攒了大量的粉丝。

4. 时尚美妆类

这类短视频所针对的目标群体大多是一些对美有追求和向往的女性，她们希望在短视频中学习一些化妆技巧来帮助自己变美。各大短视频平台上涌现出大量的时尚美妆博主，她们通过发布自己的化妆短视频，逐渐积累固定的粉丝群体，吸引美妆品牌商与其进行合作。此类短视频已成为时尚美妆行业营销的重要推广方式之一。

5. 文艺清新类

这类短视频主要针对文艺类青年，其内容涉及生活、文化、习俗、传统、风景等，视频的风格类似于纪录片与微电影，画面充满文艺气息，构图精美，有质感。与其他类型的短视频相比，这类短视频的受众范围相对比较小，但也有做得非常成功的，如一条、二更等自媒体。这类短视频虽然播放量较低，但粉丝黏性很高，变现能力强。

6. 才艺展示类

这类短视频的内容包括厨艺、健身、唱歌、跳舞、演奏乐器等。拥有一定才艺的短视频主播受到了很多用户的喜欢，也能在短期内收获粉丝的关注。

7. 实用技能类

这类短视频的内容主要是分享生活小技巧、专业知识、学习经验等，制作起来十分简单，创作者可以直接在 PPT 上添加一些图片、文字或背景音乐，然后录屏即可生成短视频作品。此外，还可以通过手机，对着手机镜头讲解来完成一个短视频的录制。这类短视频因为实用而深受用户好评，评论数与转发量都很高。比如“如何快速去掉地板上的胶水痕迹？”作品，能够在生活中帮助用户解决实际问题。这类短视频节奏都比较快，一般在 5 分钟之内要讲清楚技能点。

8. 创意剪辑类

这类短视频主要是对国内外的综艺、影视作品进行二次剪辑，通过混剪与卡点生成独特的视听效果，通过在音乐节奏处切换画面，准确传递情绪感觉，烘托氛围。这类短视频的关键点在于，要按一定的规律和次序进行组接与切分，且要有逻辑、有构思地连贯组接，从而形成一个能够体现创作者精湛剪辑技术与独特创意思路的完整作品。比如可以将不同场景与不同物体，以相似形状或相似颜色进行组接，如飞机和鸟，轮胎和摩天轮等，给人极强的视觉冲击。

9. 美食类

这类短视频的受众群体一直是非常大的。这一类短视频主要包括美食教程类、美食品尝类、美食传递类等多种类型，其中美食传递类因赋予美食浓厚的文化底蕴与内涵，越来越受到市场与用户的青睐。比如“李子柒”账号发布的“古香古食”短视频主要内容是中国传统美食的制作流程与方法，所呈现出来的田园生活、传统文化等元素，既展现一种世外桃源田园生活状态，又蕴含着对未来美好生活的期许，以及对传统美食艺术的向往，引起了用户的赞叹和共鸣。

10. 新农人类

这类短视频内容主要以新农人为主角，通过新农人讲述产品、产地的故事，推广当地农产品和技术，打造专业化农人 IP。现在各大平台对此类短视频都有一定的扶持力度，助力高质量农业类短视频的有效推广和传播。比如三农类自媒体“康仔农人”“帅农鸟哥”的作品，就是这类短视频中的佼佼者。“康仔农人”账号中的短视频以其独有的精致画面，让人身临其境地感受农村生活的美好。“帅农鸟哥”账号中的短视频采用多角度的拍摄手法及有层次感的剪辑技术，带给观众的是别具一格的生活烟火气，具有很强的视觉观赏性。

随着短视频创作团队创意能力的提升，短视频内容创作呈现百花齐放的发展态势，老旧的内容形式慢慢被淘汰，新的内容形式不断涌现，促进了短视频市场的蓬勃发展。

（三）短视频生产方式类型

按照生产方式来分，短视频可以分为 UGC、PGC、OGC、PUGC 、MCN、EOM 六种类型。这部分内容在项目一中已经详细讲解了，此处不再赘述。

学以致用

李子柒，2016 年因以“古法风格”形式发布原创美食视频而走红网络，被誉为“2017 第一网红”。每次打开李子柒的视频，都会觉得画面很美，给我们一种审美层面的享受。请同学们想一想：李子柒短视频属于哪一种类型呢？其用户群体又是哪些呢？

二、短视频用户画像

微课视频：短视频用户画像分析

随着互联网和信息技术的飞速发展，人们每天都在主动或被动地获取大量信息。面对海量的短视频作品，用户会如何做出选择呢？

定位大师阿尔里斯（Al Ries）与杰克特劳特（Jack Trout）在《22 条商规》中提到了“二元法则”，在一个成熟而稳定的市场上，消费者的心智空间往往只能容纳两个品牌。如果你的品牌无法在同一品类中做到数一数二，就得重新考虑战略。二元法则的实例有很多，比如在可乐领域，是可口可乐和百事可乐之间的战争；在高端汽车领域，是奔驰与宝马的 PK；在飞机领域，是波音和空中客车的 PK（麦道与波音合并）等。

如今信息过载的时代，大量的短视频作品如春笋般涌现，如何快速吸引用户的注意力，对短视频内容从业人员来说，无异于一场战争，其本质就是消费者注意力的抢夺、头部位置的抢占，其制胜的关键就是准确的定位和成功的策划。

了解用户并进行用户画像构建是短视频内容生产者进行创作的第一要务。短视频内容生产者可以采用互联网行业用户画像的思路。

（一）什么是短视频用户画像

用户画像是真实用户的虚拟代表，是建立在一系列真实数据之上的目标用户模型，简单来说，就是把用户信息标签化。如：“女，40 岁，已婚，年收入 2 万以上，爱美食，爱烹饪，社群团购活跃分子，喜欢运动”。这样的一串描述即为用户画像的典型案例。

在做短视频营销前，我们需要先对短视频用户画像和用户偏好有所了解。

（二）构建短视频用户画像的步骤

第一步：用户信息数据分类

用户信息数据分为静态信息数据和动态信息两类，如图 2-1-2 所示。

静态信息数据就是用户的固有属性，是构成用户画像的基本框架，主要包括用户的基本信息，如社会属性、商业属性、心理属性等。这类静态的常量信息一般不会随运行而变，如姓名、性别、家庭状况、地址、学历、职业、婚姻状况等，在需要的时候，选取符合需求的就可以了。

动态信息数据就是用户的网络行为数据，常常是变化的，包括消费属性和社交属性两类数据，这类数据由用户在网络上的行为产生，通过后台或第三方软件获取，经过数据加工后，可用于分析客户需求、情感偏好及消费习惯。当然，动态信息数据的选择也得符合产品的内容定位。

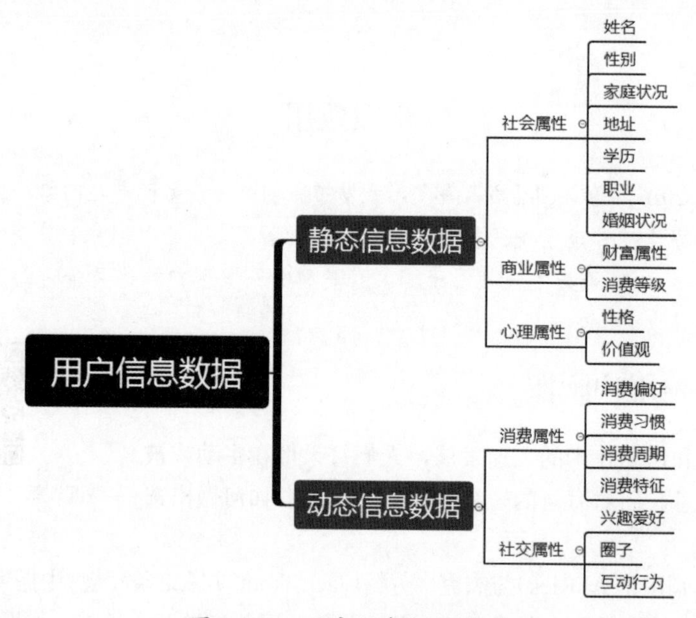

图 2-1-2　用户信息数据分类

以美食短视频账号为例，静态数据包括用户的性别、城市等，动态数据包括最常用的短视频平台、关注的账号、点赞、评论、留言、取消关注等的动机和原因。

第二步：确定用户使用场景

确定了用户的信息标签类别还不能对用户产生全面了解，短视频生产者还需要把以上用户特征融入一定的使用场景，更加具体地体会用户的感受，从而还原用户形象，这是非常关键的一步。

确定用户使用场景，一般采用经典的“5W1H”法，如表 2-1-1 所示。

表 2-1-1 “5W1H”法的要素及其含义

要　素	含　义
Who	短视频用户
When	观看短视频的时间
Where	观看短视频的地点
What	观看什么样的短视频
Why	网络行为背后的动机，如关注、点赞或分享等动机
How	与用户的动态和静态使用场景结合，洞察用户使用的具体场景

第三步：确定用户的动态使用场景模板

短视频创作者提前建立沟通模板，可以避免在调查访问时，由于措辞不当或提问顺序的变化对用户造成影响，从而使研究结论出现偏差。沟通模板要结合用户动态信息和用户使用场景，具体的设置依据短视频创作者期待获取的信息来进行。

动态使用场景模板一般包括常用的短视频平台、使用频率、活跃时间段、周活跃时长、使用的地点、感兴趣的话题、什么情况下关注账号、什么情况下点赞、什么情况下评论、什么情况下取消关注，以及用户的其他特征等问题。表 2-1-2 为以生鲜蔬果类短视频账号为例的动态使用场景模板。

表 2-1-2 生鲜蔬果类短视频账号动态使用场景模板

问　题	调研内容
常用的短视频平台	
使用频率	
活跃时间段	
周活跃时长	
使用的地点	
感兴趣的生鲜蔬果话题	
什么情况下关注账号	
什么情况下点赞	
什么情况下评论	
什么情况下取消关注	
用户的其他特征	

第四步：获取用户的静态信息数据与动态信息数据

（1）用户静态信息数据的获取。获取用户信息需要对数以千计的样本量进行统计，而短视频制作公司一般体量小，且用户的基本信息重合度高，因此短视频生产者利用网站可获取的竞品账号数据，来获取用户的静态信息数据。

目前，互联网上有很多网站可以获取用户静态信息数据，如“卡思数据”“新抖”“飞瓜数据”“蝉妈妈”等，当然，这些网站部分功能是需要付费使用的。

下面选择“蝉妈妈”网站，查看生鲜蔬果相关数据，如图 2-1-3 所示。分析排名第 1 的名称为“盐渍裙带菜整箱 5 斤（大连发货）”的商品，如图 2-1-4 所示。

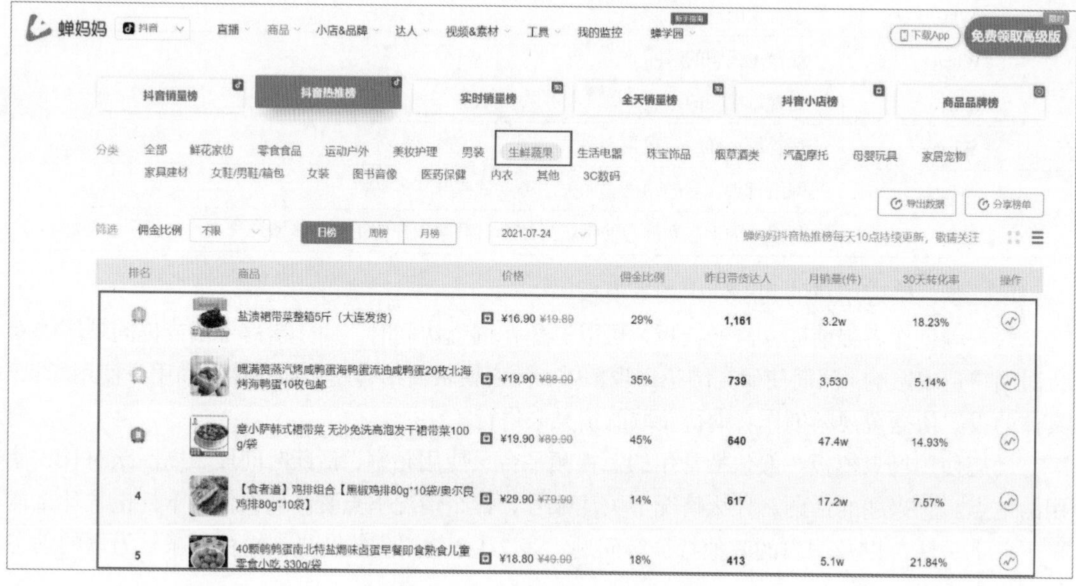

图 2-1-3　生鲜蔬果相关数据

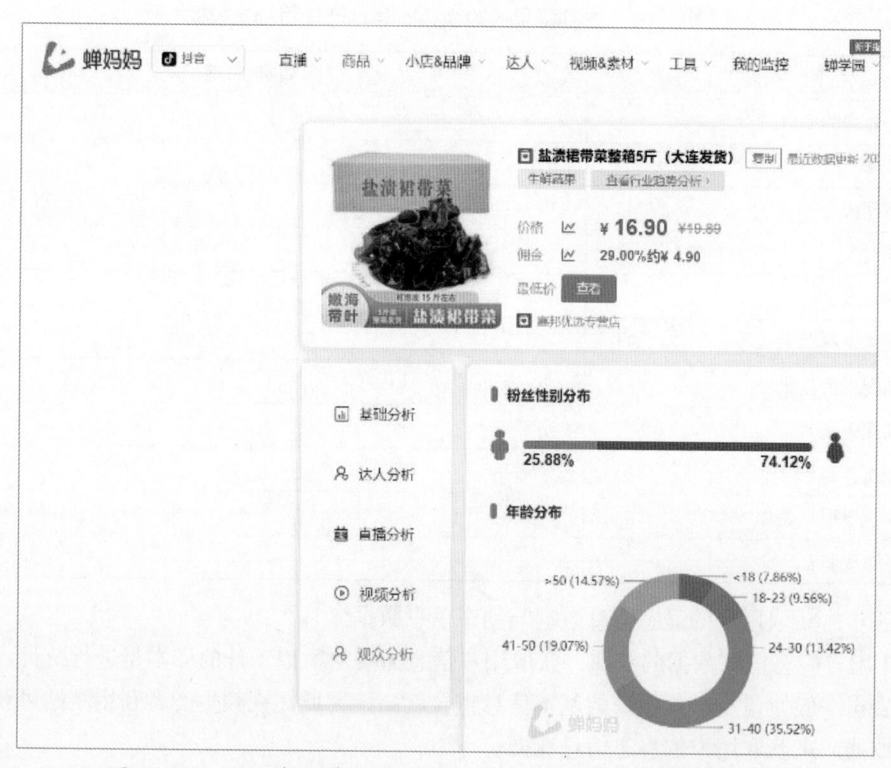

图 2-1-4　“盐渍裙带菜整箱 5 斤（大连发货）”商品的分析

从图 2-1-4 中可以了解“盐渍裙带菜”的“性别分布”与“年龄分布”等静态信息数据。

（2）用户动态信息数据的获取。在《用户画像——大数据时代的买家思维研究》一书中，作者阿黛尔 • 里弗拉提出了几种“用户洞察”的方法，如问卷调查、用户深度访谈等。对短视频用户进行访谈时，不同的对象由不同的访问者来实行访谈，在尊重对方的前提下，准备好录音设备，倾听对方的需求，做个虔诚的听众，在情感交流中获取具有优势的可知价值信息。同时，阿黛尔提出对购买洞察访谈进行挖掘可以采取三步法——在访谈文本上做笔记、根据购买洞察来组织故事、给每个重大洞察加上标题。

第五步：形成短视频用户画像

把上一步获取的信息和动态使用场景进行整合，就形成了生鲜蔬果类短视频账号的用户画像，具体如下。

- 性别：女性占比 70%~80%；男性所占比例相对较小。
- 年龄：8 岁以下占比 10% 以下，18~23 岁占比 10% 左右，24~30 岁占比 15% 以下，31~40 岁占比 30% 左右，41~50 岁占比 20% 左右，50 岁以上占比 15% 左右。
- 地域：广东、河南、江苏、山东、四川占比较高。
- 婚姻状况：已婚者居多。
- 最常用的短视频平台：抖音、快手。
- 使用频率：女性 3~5 次 / 周；男性 2 次 / 周。
- 活跃时间：晚上 19：00~23：00；中午 12：00~13：00。
- 周活跃时长：2~8 小时 / 周。
- 地点：家、公司。
- 感兴趣的生鲜蔬果话题：被推送至首页的生鲜蔬果。
- 什么情况下关注账号：画面有美感、用户评价高、日常饮食可以借鉴、账号持续输出优质内容。
- 什么情况下点赞：比期望值高、特别走心、产品初购率后好评。
- 什么情况下取消关注：视频内容质量下滑、与预期不符、无更新、广告多、产品初购后差评。
- 用户其他特征：喜欢钻研厨艺、美食研究。

学以致用

1. 作为一名短视频用户，请你描述一下自己的用户信息，包括自己的性别、年龄、地域，观看短视频的活跃时间，感兴趣的短视频话题，关注账号、点赞或转发、取消关注的原因等。

2. 请选择一个短视频领域，使用五步法构建用户画像。

三、短视频选题策划

微课视频：短视频选题

随着用户对短视频质量的要求越来越高，短视频创作者要想让自己的作品脱颖而出，就要在短视频选题策划工作上多努力，争取在内容上取胜。

（一）短视频选题七原则

不论短视频的选题是什么，其内容都要遵循以下七项原则，并以此为宗旨，落实到短视频的创作中。

1. 把握选题节奏，弘扬正能量

不管什么时候，正能量都会受到人们的欢迎，所以发布正能量的短视频容易激发用户产生共鸣，而且短视频平台也会用流量扶持的方式来引导创作者发布与正能量有关的内容。作为短视频创作者，要多把握当下观众的喜好与习惯，挖掘主旋律选题，制作有格调、有营养的优质视频，净化网络空间，引导观众共同提高社会责任感和艺术审美力。

2. 坚持用户导向，注重体验感

短视频行业竞争越来越激烈，短视频创作者一定要注重用户体验，坚持用户导向，不能脱离用户粉丝的需求。若想有好的播放量，首先应该考虑到用户的喜好和痛点需求，往往越是贴近用户的内容，越是能够得到他们的认可，从而增加短视频的高访问量与高播放量。

3. 构思创意内容，体现价值性

短视频的内容一定要有价值，只有输出的内容对用户有价值、满足用户的需求、解决用户的痛点，才能使用户有传播的欲望，触发其点赞、评论、转发等行为，从而达到内容的裂变传播。短视频平台有很多，每天都有新的短视频作品被发布，要在海量作品中谋得一席之地，只有具有独特新颖的创意，才能引起更多的关注。

4. 保证领域垂直，提高忠诚度

短视频创作者在开始策划一个短视频账号前，要充分开展市场调研与分析工作。一旦确定某一内容领域之后，不要轻易更改，否则会因为短视频账号垂直度不够，而导致用户不精准或用户流失。因此，短视频创作者要在某一个领域长期输出有价值的内容，提高自己在该领域的影响力与专业性，从而不断提升用户的黏性。

5. 增强用户互动，促进参与性

短视频作品以用户需求为导向，所以与用户的互动必不可少。在策划短视频选题时，要尽可能选择一些互动性强的选题，比如热点话题等，通常用户普遍关注的热门话题会引发更热烈的讨论。有了高互动性，才会带来更高的关注度与转发率。很多短视频作品中都会有诸如“大家还有其他的好办法可以帮助我吗？欢迎大家在我的评论区留言哦！”“宝宝们还希望我去试吃哪里的美食，欢迎在我的评论区留言吧！”等话语，有意识地引导用户参与讨论。

6. 紧跟网络热点，远离敏感词

短视频创作者要提升新闻敏锐度，善于捕捉热点并及时跟进，这样制作出来的短视频才有可能在短时间内获得大量的流量曝光，快速提升短视频的播放量，引起用户的高关注度。但是，并非所有的热点都可以跟进，如果跟进不适宜的热点，就有违规且被封号的风险。随着短视频平台相关的法律法规越来越完善，每个短视频平台都对敏感词汇做出了详细的规定，因此短视频创作者要多关注政策导向和平台的动态信息，了解平台官方发布的一些通知，避免因为触发敏感词汇而导致账号违规的情况发生。

7. 预设标题思路，加强匹配度

有些短视频作品构图讲究、画面精美、内容上乘，但发布后点击量却很少，这可能跟短视频封面与标题不够好有关，吸引不到用户来点击。短视频的内容与标题的匹配度越高，就越容易被平台推荐，从而增加曝光度。所以，最好不要等到发布短视频时再构思标题，而应在选题策划时就把标题想好，起码要有一个大致的标题选词思路。

（二）短视频选题五维度

创作短视频之前，如果没有选题思路，往往很难进行到拍摄短视频环节，即使强行进入，返工的可能性也会非常大。但是只要在短视频选题的时候，从“人、具、粮、法、境”五个维度进行充分考虑与分析，如表 2-1-3 所示，然后在此基础上进行思路拓展与挖掘，那么找到精准的短视频选题也不是一件难事。

表 2-1-3 短视频选题的五个维度

维　度	具体说明
人	人物。例如，拍摄的主角是谁，他 / 她是何种身份，有什么特点，有什么兴趣爱好，未来的用户群体是什么
具	工具和设备。例如，短视频的主角是一名大学教师，一般会用到教具、眼镜、电脑、黑板等工具和设备；短视频的主角是一名大学生，他常用的工具和设备就是课本、书包、笔等
粮	精神食粮。例如，大学生喜欢看什么书，喜欢什么电影，会参加什么社团等。分析目标群体的需求，从而找到适合的选题
法	方式和方法。例如，大学生在家里如何与家长相处，在办公室如何向老师请教问题，在教室或寝室如何与同学沟通交流等
境	环境。不一样的剧情需要不一样的环境，短视频创作者要根据剧情内容选择与之相匹配的环境。环境包括拍摄时间（白天或晚上）和拍摄地点（家、学校、寝室、教室、办公室、操场等）

从以上五个维度对选题梳理后，就可以生成二级、三级，甚至更多层级的选题树。层次越高，可供选择的思路就越丰富。以“爱好摄影的大学生”为例，短视频创作者可以根据选题树制作出各种各样的选题，如图 2-1-5 所示。

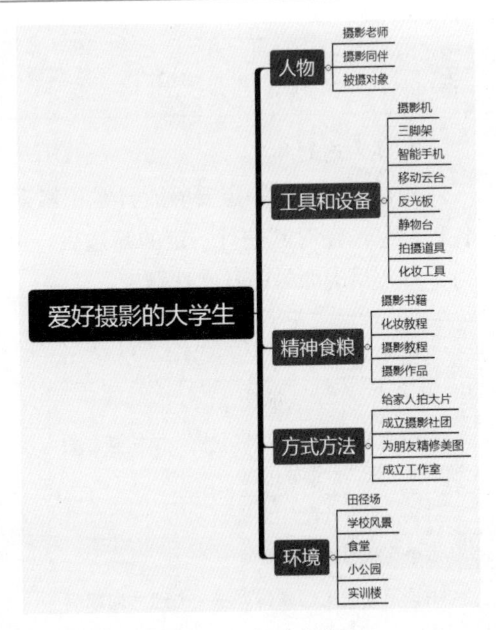

图 2-1-5 选题树

（三）积累选题素材

若想在创作时拥有源源不断的灵感与创意，短视频创作者平时要注意点滴积累，即建立选题库。选题库主要包括爆款选题库、日常选题库与活动选题库三种。

1. 爆款选题库

在创建爆款选题库时，互联网上有很多数据网站可供大家选择，如“卡思数据”“新抖”“飞瓜数据”“蝉妈妈”“易撰”等。其中，“飞瓜数据”网站的视频库中采集了抖音、快手等多个视频平台的视频数据，如图 2-1-6 所示，还提供热门视频、热门话题、热门评论等数据分析，方便使用者提取素材，获取竞品账号数据，如爆款选题标题、粉丝量、分享量、评论量等，有些分析功能是付费的，大家可以根据需求自由选择免费或付费使用。当然，仅仅要查看还是不够的，我们需要对竞品的数据进行分析与整合。生鲜蔬果类竞品账号的爆款选题库如表 2-1-4 所示。

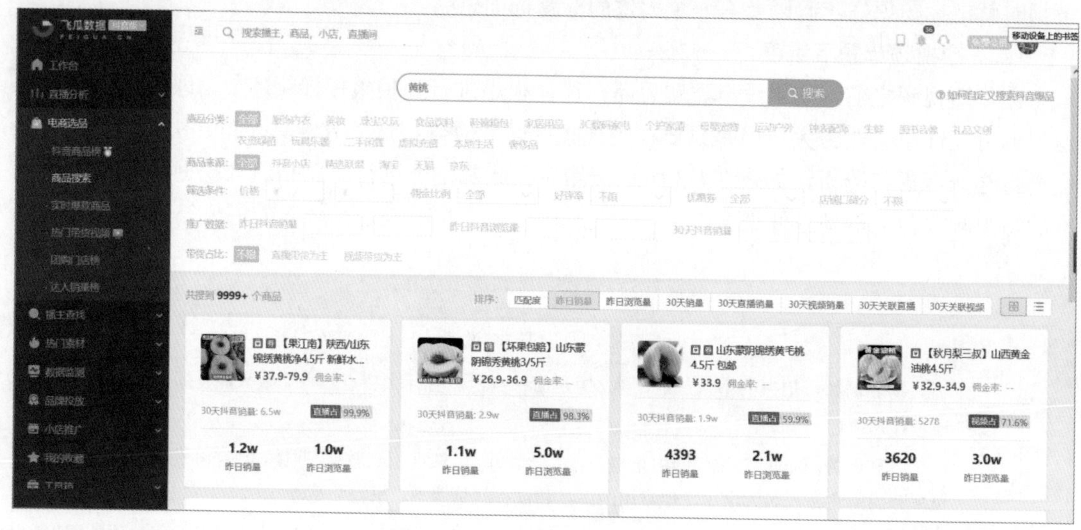

图 2-1-6 “飞瓜数据”网站

表 2-1-4 生鲜蔬果类竞品账号的爆款选题库（来自飞瓜数据）

账号名	粉丝量 / 万	集均点赞 / 个	集均分享 / 次	集均评论 / 条	爆款选题
田野里的七月	245.5	12 000	212	420	“原来锦绣黄桃做的罐头这么好吃，学会这招，以后罐头在家自己做”
周小生先生	248.3	2 622	53	152	“我几乎没有推荐过水果，兄弟自己家的红心猕猴桃，值得信任！”

2. 日常选题库

短视频创作者一定要养成日常积累素材的习惯，平时接触到的文字、图像、视频、声音等各种信息，在对其进行一定的筛选后，可将它们有序地整理到自己的日常选题库中。表 2-1-5 为生鲜蔬果类账号的日常选题库。

表 2-1-5 生鲜蔬果类账号的日常选题库

标题	来源	内容	阅读量 / 万	点赞量 / 次
深山里发现一颗野生猕猴桃，妯娌俩合力把藤扯下来，摘得好过瘾	短视频	猕猴桃	27	4 124
猕猴桃果酒教程来啦	短视频	猕猴桃	37.7	6 176
做个无添加的黄桃罐头	短视频	黄桃	52.7	6 469
用这留住夏天的满树香甜，去迎一迎凉爽的秋——黄桃	短视频	黄桃	27.2	18 000

3. 活动选题库

活动选题库主要包括节日类活动与各短视频平台不定期的系列话题活动两种。对于节日类活动选题，比如中秋、国庆、春节等大众关心的节日话题，或是传统的节气等，创作者可以提前规划筹备。另一种活动选题来源于各短视频平台，平台官方会不定期地推出一系列话题活动，比如关注贫困助力攻坚、永和乾坤湾玩转好心情、我家的故事——脱贫攻坚奔小康等，以短视频的形式记录和发现贫困地区的特色美食、美景和人文风情，助力贫困地区实现脱贫。短视频创作者根据自身的情况参与平台话题活动，可以得到一定的流量扶持。表 2-1-6 为在飞瓜数据网站所查询并整理出来的活动选题库。

表 2-1-6 活动选题库（来自飞瓜数据）

话题名称	平台	参与人数	播放量	活动说明
七夕我想对你说	抖音	355.8 万人	15.2 亿次	今年是个不平凡的一年，河南暴雨灾情、罕见台风烟花……各大社会事件都离不开公职人员的默默付出和守候，他们舍小家为大家的精神值得我们尊敬。8 月 14 日是七夕节，在此期间，抖音、今日头条共同发起 # 七夕我想对你说 # 专项活动，邀请全国网友和政务号积极发布相关微头条、小视频等并在平台上开展直播，爱就要说出口
好物分享	快手	5951442 万人	——	参加 # 好物分享 #，分享你的好用物品
手游暑期狂欢节	B 站	9.5 万人	5.62 亿次	投稿 & 开播冲刺百万奖金

学以致用

请同学们完成以下两个任务。

1. 选择一个熟悉的内容领域，建立选题库，尝试用多种方法搜集选题。
2. 以爱好旅游的大学生为短视频的主角，运用五维方法论策划一个选题树。

任务自测

在线测试

任务评价

评价项目	评价内容	自我评价等级				
		优	良	中	较差	差
知识评价	掌握短视频的不同类型					
	掌握短视频用户画像					
	掌握短视频选题策划					
技能评价	具备根据不同主题完成短视频策划的能力					
	具有知识迁移的能力					
创新素质评价	能够清晰有序地梳理与实现任务					
	能够挖掘出课本之外的其他知识与技能					
	能够利用其他方法来分析与解决问题					
	能够进行数据分析与总结					
	访问符合国家法律法规的短视频平台					
	能够策划弘扬中国传统文化的短视频选题					
	能够积极提升短视频策划的文学修养					
	能够诚信对待作业原创性问题					
课后建议及反思						

任务拓展

文本资料：短视频的三段式标题

微课视频：短视频的三段式标题

任务2 短视频脚本创作

任务导入

“湘果工作室”团队成员在观看了一系列的优质短视频作品后，发现有的短视频没有剧情，纯粹是简单的场景加人物的动作，如舞蹈展示的短视频；有的短视频故事性很强，场景变换多，机位也会不断地变换，如剧情类视频；有的短视频注重对于新闻资讯类信息的传播与报道，将新闻和内容作为其卖点。

他们陷入了困惑，针对不同的短视频主题内容，是不是都要详细地写脚本内容，还是可以简单地列个提纲呢？怎样才能让短视频摄像师与演员尽快了解内容创作的细节，实现又快又好的有效沟通呢？让我们一起来帮助他们解决吧！

问题1：短视频脚本的类型有哪些呢？针对不同的短视频内容，应该如何来选择短视频脚本的类型呢？

问题2：如果脑海中已经有了故事梗概或创作思路，如何逐步完成短视频文学脚本写作，最后将其转化成具体可实施拍摄的分镜头表格呢？

知识准备

文本资料：短视频脚本的相关名词与写作方法

微课视频：短视频脚本的写作方法

任务实施

微课视频：短视频脚本的概念与分类

一、短视频脚本的类型

短视频的脚本大致可分为拍摄提纲、文学脚本和分镜头脚本三种类型。短视频创作者可以根据选题与拍摄内容选择脚本的类型。

（一）拍摄提纲

拍摄提纲是指为短视频搭建的基本框架，根据拍摄事件的意义，将预期拍摄的要点写成拍摄提纲，只对拍摄内容起到提示作用，适用于一些不易掌握和预测的内容，比如采访热门事件当事人等。

拍摄提纲的内容一般包括选题、视角、体裁、调性、内容、细节等方面。

（1）明确选题：明确短视频的选题、立意和创作方向，确定创作目标。

（2）呈现视角：呈现短视频选题的角度和切入点。

（3）阐述体裁：阐述不同体裁短视频的表现技巧和创作手法。

（4）阐述调性：阐述短视频的构图、光线和节奏。

（5）阐述内容：详细呈现场景的转换、结构、视角和主题，指导创作人员的后续工作。

（6）完善细节：把剪辑、音乐、解说、配音等内容补充进去，使整个大纲更加完整。

下面是《“橙”全其美》短视频的拍摄提纲。

《“橙”全其美》短视频拍摄提纲

一、创作意图

享有“中国长寿之乡”的湖南怀化麻阳苗族自治县是中国冰糖橙的主要产地。麻阳县气候温和、四季分明，得天独厚的土壤和气候条件孕育了麻阳独特的苗疆长寿果——麻阳冰糖橙。11月份，麻阳冰糖橙成熟了。今年的冰糖橙果形端庄、色泽鲜艳、风味浓甜、肉质脆嫩、品质中乘，特别诱人。在果园里，果农们有的正在采摘鲜果，有的正在打包、装盒，一派丰收忙碌的大好景象。在厨房里，妈妈正在为女儿切冰糖橙，饱满的果粒看上去鲜美多汁。今天就带大家看看果园里的种植环境与厨房里鲜果被切开后的细节。

二、记录对象

采摘人员、打包人员、妈妈、女儿

三、拍摄提纲

片头：主播面向镜头打招呼，然后用手指向果园处。镜头摇动拍大全景，展示果园及忙碌的果农们。

镜头A：先固定一个镜头，然后先远景，逐步中景至近景，记录采摘人员正拿着剪刀，娴熟地剪下果实，轻轻地将其放入果篮篓中。

镜头B：近景拍摄果篮篓里满满的冰糖橙果子，展现果实的外形特点，个个果子果形端庄、色泽鲜艳。

镜头C：全景拍摄，从堆积如山的装箱盒一侧开始向另一侧摇动拍摄，展示强烈的视觉冲击效果。

镜头D：转到打包人员忙碌的身影上，身边是一排、已经装箱好摆放整齐的冰糖橙。

镜头E：近景拍摄打包细节。

镜头F：家里厨房中，中景固定镜头记录妈妈拿出水果刀，在菜板上将一颗冰糖橙切成四份；然后近景、特写拍摄切开后的果肉。

镜头G：女儿品尝后，一个劲地夸好吃。

四、拍摄思路

（1）展示冰糖橙原产地的生产环境和特色，展现种植、采摘、打包等场景，增强真实性和可信度。

（2）展现采摘人员与打包人员脸上的笑容，重点表达其丰收的喜悦、自豪之情，要体现出他们专业和质朴。

（3）拍摄出的母女之间的互动要自然轻松，体现真情实感。

五、其他工作

音效：抒情背景音乐、剪刀剪枝的声音。

字幕：商品的卖点信息，淡入淡出。

片尾：配音乐，淡出。

（二）文学脚本

文学脚本需要创作者列出所有可能的拍摄思路，但不需要像分镜头脚本那样细致，只需要规定人物需要做的任务、说的台词、所选用的镜头和整个视频的时长即可，以文字叙述的形式加以表达，除了一些不可控因素，其他场景安排尽在其中。文学脚本除了适用于有剧情的短视频，也适用于非剧情类的短视频，如教学类视频和评测类视频等。

下面是《开“橙”布公　美味可见》短视频场景 2 的文学脚本。

《开“橙”布公　美味可见》文学脚本

……

场景 2：桌前 / 白色的瓷器（室内，晴）

（1）（画面淡入、全景）干净整齐的桌面上，摆放着洁白的瓷器，几个饱满大颗的冰糖橙，分两层陈列，下层 4 个，上层 1 个，整齐平稳地挺立着。

（2）（中景）突然，一阵又轻又薄的水雾，自上而下向桌面的左下角喷洒开来，水雾中冰糖橙的表皮光滑、鲜亮。

（3）（特写）瞧，还有一颗小小的水珠，正偷偷顺着果皮快活地逃跑呢！

（4）（中景）这边洁白的桌面正中间，一根新鲜的冰糖橙树枝正静静地躺着。

（5）（中景）突然，一个冰糖橙向右边、向左边快速滚动，吸引了所有人的目光。

……

（三）分镜头脚本

分镜头脚本是前期拍摄的脚本，同时也是后期制作的依据，还可以作为确定视频时长和经费预算的参考。分镜头脚本要求每一个画面都要在掌控之中，每一个镜头长短，每一个镜头的细节等都要体现出来。分镜头时长一般在 3 ～ 10 秒，根据具体的情节来决定时长。

分镜头脚本已经将文字转换成可以用镜头直接表现的画面，通常分镜头脚本包括画面内容、景别、摄法、时长、音乐等，在一定程度上已经是“可视化”影像了。表 2-2-1 为《开“橙”布公　美味可见》短视频场景 2 的分镜头脚本。表 2-2-2 为《我为建党百年送祝福活动》短视频其中一部分的分镜头脚本。表 2-2-3 为《相遇》短视频的分镜头脚本。

表 2-2-1　《开“橙”布公　美味可见》短视频场景 2 分镜头脚本

<table>
<tr><th>镜号</th><th>景别</th><th>摄法</th><th>时长 / 秒</th><th>画面内容</th><th>字幕</th><th>音乐</th></tr>
<tr><td>1</td><td>中景</td><td>推镜头
右侧方俯拍</td><td>4</td><td>干净整齐的桌面上，摆放着洁白的瓷器，几个饱满大颗的冰糖橙，分两层陈列，下层 4 个，上层 1 个，整齐平稳地挺立着</td><td rowspan="2">新鲜现摘，香甜美味（淡入）</td><td rowspan="4">纯音乐</td></tr>
<tr><td>2</td><td>中景</td><td>固定镜头
平拍</td><td>1</td><td>突然，一阵又轻又薄的水雾，自上而下向桌面的左下角喷洒开来，水雾中冰糖橙的表皮平滑、鲜亮</td></tr>
<tr><td>3</td><td>特写</td><td>固定镜头
平拍</td><td>1</td><td>瞧，还有一颗小小的水珠，正偷偷顺着果皮快活地逃跑呢</td><td></td></tr>
<tr><td>4</td><td>中景</td><td>固定镜头
平拍</td><td>2</td><td>洁白的桌面正中间，一根新鲜的冰糖橙树枝正静静地躺着。突然，一个冰糖橙向右边、向左边快速滚动，吸引了所有人的目光</td><td></td></tr>
</table>

表 2-2-2　《我为建党百年送祝福活动》短视频分镜头脚本（部分）

<table>
<tr><th>镜号</th><th>景别</th><th>摄法</th><th>时长 / 秒</th><th>画面内容</th><th>台词</th><th>音乐</th></tr>
<tr><td>1</td><td>全景</td><td>淡入　摇镜头淡出</td><td>3</td><td>全体志愿者排好整齐队伍，整装待发</td><td></td><td rowspan="6">《我爱你中国》</td></tr>
<tr><td>2</td><td>中景</td><td>推镜头</td><td>3</td><td>队伍前面摆放着宣传单、海报、横幅、小礼品</td><td></td></tr>
<tr><td>3</td><td>全景</td><td>切入　移镜头　切出</td><td>4</td><td>社区长长的林荫道，背景是美丽的街道风景，迎面走来整齐、精神的志愿者队伍</td><td></td></tr>
<tr><td>4</td><td>中景</td><td>切入　固定镜头　切出</td><td>5</td><td>电子商务学院党总支 *** 书记讲话，面向全体党员笔直站立，铿锵有力地发言</td><td rowspan="2">讲话的原声</td></tr>
<tr><td>5</td><td>全景</td><td>切入　摇镜头　切出</td><td>4</td><td>党员们的眼神、动作等神态</td></tr>
<tr><td>6</td><td>……</td><td>……</td><td>……</td><td>……</td><td>……</td></tr>
</table>

表 2-2-3 《相遇》短视频分镜头脚本

镜号	景别	摄法	时长 / 秒	画面内容	音乐	拍摄技巧
1	全景	运动镜头	3	清晨时分，凌芳独自一人抱着很多书，走在校园的街道上	轻快音乐	跟拍凌芳正面，运动镜头慢慢后退
2	中景	固定镜头	2	凌芳低着头走路		
3	特写	运动镜头	2	凌芳走路的脚		凌芳右侧，跟拍走路的脚
4	近景	固定镜头	4	朝凌芳迎面跑来了一个女生，女生一边走，一边开心地哼着歌		凌芳背面，拍摄迎面走来的女生
5	中景	固定镜头	3	凌芳低着头走路，没看到迎面而来的女生，二人相撞在了一块		从凌芳的右侧，女生的左侧，拍摄二人相撞
6	特写	固定镜头	2	凌芳露出十分惊讶的表情		正面拍摄
7	近景	固定镜头	2	相撞后，女生回头看了看凌芳		主拍女生转头看凌芳
8	近景	固定镜头	4	女生询问凌芳：“啊，对不起，没事吧？”		凌芳视角拍摄女生
9	近景	固定镜头	3	凌芳摇摇头对女生说：“没事！”		女生视角拍摄凌芳
10	中景	固定镜头	5	女生微笑着拍了拍凌芳的肩膀说：“嗯，没事就好，那我先走了。”说完转身往前走去		从女生右侧拍摄
11	近景	固定镜头	2	凌芳看着已走出一段距离的女生		凌芳视角拍摄
12	近景	摇镜头	3	凌芳低头看，突然发现地上有一本笔记本		镜头从凌芳上身，摇到地上的笔记本
13	近景	固定镜头	3	凌芳俯身捡起后，打开笔记本		凌芳右侧拍摄
14	特写	固定镜头	1	笔记本第一页上写有“慧娴”		凌芳视角看笔记本上的文字
15	中景	固定镜头	4	凌芳急忙朝方才女生走去的方向抬头：“唉——同学，你的笔记本！”		从凌芳右斜侧面拍摄
16	全景	固定镜头	1	方才的女同学已不见了身影		空镜头拍摄凌芳视角中女生走去的方向
17	近景	固定镜头	3	凌芳站在原地看了笔记本，慢慢念出声来：“慧娴。”		凌芳左侧拍摄

通过知识讲解与案例展示，大家对于拍摄提纲、文学脚本与分镜头脚本的区别与格式，是不是有了一个清晰的认识呢？

通常，新闻采访、新闻纪录片等类型的短视频适合用拍摄提纲，故事性强的短视频适合用分镜头脚本，不需要剧情的短视频适合用文学脚本。

学以致用

请在互联网上搜集：短视频的拍摄提纲、文学脚本与分镜头脚本实例，每种类型不少于3个，并整理出不同类型脚本的基本格式及所包括的关键要素。

二、分镜头脚本设计

微课视频：分镜头脚本

微课视频：短视频分镜头脚本实例讲解

通常在拍摄前，要先写出脚本。如果没有一个完整而详细的分镜头脚本，至少也要有一个拍摄提纲，对视频主要角色、内容梗概、画面构想和拍摄要求等进行安排与设置。将文学脚本转化为可以实施拍摄的分镜头脚本，主要通过以下步骤：将文字脚本的画面内容分解成一个个可以实施拍摄的镜头；把镜头组成镜头组，并说明组接的技巧；确定相应镜头组的解说词；确定相应镜头组或段落的音效与音乐。

（一）分镜头脚本的准备

在分镜头脚本中，要对准备拍摄的主题和故事有一个深刻的了解与剖析，并能够提炼出自己的主要观点、拍摄风格和表现重点。要提前多去看一些优秀作品，参考相关资料，进行场面设计和拍摄构思等方面的借鉴。然后再将已经构思好的观点与想法转化为形象的画面，分解为一个个镜头，撰写完成分镜头脚本。有美术功底不错的短视频创作者，还可以用故事板的形式绘制分镜头画面，效果更形象直观。

（二）分镜头脚本的格式

从表2-2-1～表2-2-3分镜头脚本实例中，我们可以发现，分镜头脚本主要包括镜号、景别、摄法、时长、画面内容、台词、音乐、音效等内容，具体格式要根据情节而定，如表2-2-4所示。

表2-2-4　分镜头脚本格式

分镜头脚本　《短视频名称》第　场

镜号	景别	摄法	时长	画面内容	台词	音乐	音效	…	备注
1	中景	固定镜头	3秒	静谧的果园	新鲜采摘直达	轻快音乐	小鸟的叫声	…	
2	…	…		…	…	…	…	…	…

镜号：镜头的顺序号。

景别：即远景、全景、中景、近景、特写等镜头差别。

摄法：镜头拍摄的方式，主要指镜头的运动方式或拍摄角度。镜头的运动方式有固定镜头、移、拉、推、跟、摇、升降等，拍摄角度有平拍、俯拍、仰拍等。

时长：该镜头的时间长度，一般以秒为单位。

画面内容：用文字阐述所拍摄的具体画面。

台词：与画面相对应的解说词、画外音、人物对话等。

音乐：与画面内容相匹配的音乐内容。

音效：为了获得环境气氛所搭配的自然音响、人为音响及电子音响，如动物叫声、风雨声、脚本声、流水声等。

备注：还有其他需要说明或提示的内容。

（三）分镜头脚本实例

分镜头脚本可以采用文字形式和故事板形式（画面脚本）。文字分镜头脚本是采用文字来阐述故事的分镜方式，将影片的文字内容切分成一系列可以拍摄录制的镜头画面的一种剧本。故事板分镜脚本则是将文字分镜头绘成一系列图画，是为了设计镜头画面的构成而绘制的预览图，需要具备一定的绘画基础。

1. 实例介绍

《开“橙”布公　美味可见》短视频是由湖南商务职业技术学院覃琪、夏媚英、钟瑞熙、李丹丹、周玉橙这一组同学共同完成的一个短视频作品，下面我们以它为例，来讲解如何分解和制作分镜头，以及怎样完成视频创作意图、故事梗概、拍摄提纲至分镜头脚本间的转换，最终形成分镜头拍摄表的全过程。

首先了解到《开“橙”布公　美味可见》短视频的创作意图是希望通过直观生动的短视频，向用户展示麻阳冰糖橙的美味可口，吸引用户的注意，让用户对冰糖橙产生兴趣，勾起其购买欲望，从而促成购买，最终目的是提高产品销量。

短视频的故事背景是享有“中国长寿之乡”的湖南怀化麻阳苗族自治县，麻阳县气候温和、四季分明，得天独厚的土壤和气候条件孕育了麻阳独特的苗疆长寿果——麻阳冰糖橙，俗称“冰糖泡”，其因甜似冰糖而得名，果形端庄、色泽鲜艳、风味浓甜、肉质脆嫩、无籽化渣、营养保健价值高，是不可多得的水果珍品。而且经常食用冰糖橙还可养颜、清热润肺、明目排毒。为了保证冰糖橙的质量，按照订单当天采摘发出，保证新鲜。

2. 创作《开“橙”布公　美味可见》短视频的文学脚本

接下来，对《开“橙”布公　美味可见》短视频主题进行梳理，提炼麻阳冰糖橙的卖点信息，填充细节部分的内容，分场次形成文学脚本。

本部短视频的后期剪辑采用了连续蒙太奇的手法，按照事件的逻辑顺序，有节奏地连续叙事，一一展现冰糖橙果园、果实的饱满、果粒的新鲜多汁、果汁的美味可口。所以最终呈现出来的作品里，画面自然流畅、朴实平顺。我们要先理清故事的脉络，以场次为单位，将短视频分为6个场次，进行文字分镜头脚本创作，丰富作品的内容。

《开“橙”布公　美味可见》短视频的文学脚本如下。

场景1：果园（室外，阳光）

麻阳冰糖橙果园中，轻轻的微风拂过树梢，小鸟叽叽喳喳地在树叶间唱歌，沉甸甸的果实挤满枝头。站在树下，抬起头，阳光透过树梢，斑斑驳驳地洒落下来。

场景2：桌前/白色的瓷器（室内，晴）

干净整齐的桌面上，摆放着洁白的瓷器，几个饱满大颗的冰糖橙，分两层陈列，下层4个，上层1个，整齐平稳地挺立着。

突然，一阵又轻又薄的水雾，自上而下向桌面的左下角喷洒开来，水雾中冰糖橙的表皮晶莹剔透。瞧，还有一颗小小的水珠，正偷偷顺着果皮快活地逃跑呢！

这边洁白的桌面正中间，一根新鲜的冰糖橙树枝正静静地躺着。突然，一个冰糖橙向右边、向左边快速滚动，吸引了所有人的目光。

场景3：桌前/白色背景（室内，晴）

一个女孩用水果刀慢慢切开冰糖橙，颗颗果粒清晰可见。

白色背景下，少量树叶围绕，橙子切片，切成6份，每行3片分两行整齐摆放在桌子中间位置，四周辅光源摇晃着，变换着不同的位置，让果肉呈现出不同的光影效果。

场景4：桌前/白色杯中（室内，晴）

两根洁白的手指，轻轻拿起一个完整的橙子，将其投入装有清水的透明玻璃杯中。果实快速坠落，变成了片片果肉，只见果肉在水中溅起无数水花，橙肉在水里互相碰撞，泛起阵阵波纹，让人忍不住想拿起一片放入口中。

轻轻搅动杯中的水，然后快速抬起手，只见橙肉在水的惯性下，快活地旋转着。

场景5：黑色背景（室内，晴）

一片橙肉被高高地拿起，在灯光的照射下，晶莹剔透的水珠，像精灵一样附在果肉的最底部，闪耀着光芒。那颗小水珠颤颤悠悠地晃动着，终于慢慢落了下来。

场景6：桌前/透明玻璃杯中（室内，晴）

女孩正用镊子夹起一片新鲜嫩绿的薄荷叶，将其轻轻地放在盛满果汁的透明玻璃杯中，杯中满满的橙汁仿佛快要溢出来。

女孩端起盛满果汁的玻璃杯，轻轻送到你的面前，仿佛在说：“来，请来品尝一杯吧！”

3. 设计《开“橙”布公　美味可见》短视频的分镜头脚本

在上面文学脚本的基础上，进一步思考和设计画面分镜头脚本。

（1）设计分镜头脚本

短视频创作者在创作某个镜头中的场景时，需要考虑三个最基本的要素，分别为叙事性要素、戏剧性要素与画面要素。

叙事性要素是指脚本中描写的具体情节，如女孩拿起刀，切开橙子。

戏剧要素是指场景中带有情绪色彩的部分，主要分为视点和戏剧性重点两种。视点可以在一个场景中，从一个角色迅速地转换到另一个角色。

导演一般通过叙事逻辑或演员正视观众及景别的变化来控制观众的情绪。叙事逻辑是指我们通过一个或多个角色的行为得到故事的线索。比如，两个游客走进果园的场景中，如果摄像机先拍摄果园中某个工作人员的一些活动，然后再拍摄两个游客从远处走进果园，观众则在借用此工作人员的视点进行观察；反之，如果摄像机追随两个游客从外面进入果园，然后果园工作人员再进入画面，观众就在借用游客的视点进行观察。

戏剧性重点与景别的选择和变化有关。景别可以使演员的表演、肢体动作和事件的戏剧性得到加强或削弱。导演可以仅仅利用演员在画面中的不同位置来控制观众的注意力。当然，灯光、美术、镜头的选择和后期剪辑都可以是控制戏剧性重点的辅助手段，但场面调度，我们主要关心景别和被摄主体在画面中的位置。在实际拍摄中，主要采取对比景别的手法。

画面要素是场面调度要考虑的最后一个问题，包括构图、取景、灯光和镜头的摄影特性等。

得到一个镜头的画面品质是最容易实现的，因为要让这些画面要素发挥出最佳效果，并不需要依赖段落中其他镜头的配合。

简单来说，分镜头脚本设计需要确定具体描述动作的场面调度、景别与镜头的选择，以及摄像机的位置等。

（2）分解分镜头

因为《开“橙”布公　美味可见》短视频作品时长为30秒，总共6个场景，我们在进行分镜头脚本设计的时候，可以一起来完成。

接下来，我们从第一个场景开始，逐个进行分镜头介绍。

场景1　果园（室外，阳光）

镜头1：（近景、推镜头、仰拍）麻阳冰糖橙果园中，轻轻的微风拂过树梢，小鸟叽叽喳喳地在树叶间唱歌，沉甸甸的果实挤满枝头。

镜头2：（近景、固定镜头、仰拍）站在树下，抬起头，阳光透过树梢，斑斑驳驳地洒落下来。

场景2　桌前/白色的瓷器（室内，晴）

镜头1：（中景、推镜头、右侧方俯拍）干净整齐的桌面上，摆放着洁白的瓷器，几个饱满大颗的冰糖橙，分两层陈列，下层4个，上层1个，整齐平稳地挺立着。

镜头2：（中景、固定镜头、平拍）突然，一阵又轻又薄的水雾，往桌面的左下角和顶部喷洒出来，水雾中冰糖橙的表皮光滑、鲜亮。

镜头3：（特写、固定镜头、平拍）瞧，还有一颗小小的水珠，正偷偷顺着果皮快活地逃跑呢！

镜头4：（中景、固定镜头、平拍）这边洁白的桌面正中间，一根新鲜的冰糖橙树枝正静静地躺着。突然，一个冰糖橙向右边、向左边快速滚动，吸引了所有人的目光。

场景3　桌前/白色背景（室内，晴）

镜头1：（近景、固定镜头、平拍）一个女孩用水果刀慢慢切开冰糖橙，颗颗果粒都清晰可见。

镜头2：（中景、固定镜头、左侧方俯拍）白色背景下，少量树叶围绕，六块橙子切片，每行3块分两行整齐摆放在中间位置，四周辅光源摇晃着，变换着不同的位置，让果肉呈现不同的光影效果。

场景4　桌前/白色杯中（室内，晴）

镜头1：（近景、固定镜头、左侧方俯拍）两根洁白的手指，轻轻捡起一个完整的橙子，从上往下投入装有清水的白色杯中。

镜头2：（特写、固定镜头、左侧方俯拍）果实快速坠落，变成了片片果肉，只见果肉在水中溅起无数水花。

镜头3：（特写、固定镜头、左侧方俯拍）橙肉在水里互相碰撞，泛起阵阵波纹，让人忍不住想拿起一片放入口中。

镜头4：（近景、固定镜头、左侧方俯拍）轻轻搅动杯中的水，然后快速抬起手，只见橙肉在水的惯性下，快活地旋转着。

场景 5　黑色背景（室内，晴）

镜头 1：（近景、固定镜头、平拍）一片橙肉被高高地拿起，在灯光的照射下，晶莹剔透的水珠，像精灵一样附在果肉的最底端，闪耀着光芒。那颗小水珠颤颤悠悠地晃动着，终于慢慢落了下来。

场景 6　桌前 / 透明玻璃杯中（室内，晴）

镜头 1：（近景、固定镜头、平拍）女孩正用镊子拾起一片新鲜嫩绿的薄荷叶，轻轻地放在盛满果汁的玻璃杯中，杯中满满的橙汁仿佛快要溢出来。

镜头 2：（近景、固定镜头、平拍）女孩端起盛满果汁的玻璃杯，轻轻送到镜头前，仿佛在说："来，请来品尝一杯吧！"

（3）形成分镜头脚本

分镜头脚本将短视频中的文字内容分切成一系列可以录制的镜头，构成现场拍摄时易于使用的工作脚本，如表 2-2-5 所示。

《开"橙"布公　美味可见》短视频作品为学生团队制作完成，旨在抛砖引玉，帮助大家了解如何逐步从短视频文学脚本转化成具体可实施拍摄的分镜头脚本。大家在创作的时候，可以更多借鉴优质短视频作品，提炼自我观点与想法，相信假以时日，一定能够创作出更精彩、更优秀的作品！

学以致用

任务背景：浏阳金桔现已有一千多年的栽培历史，最早见于宋朝《食货志》。浏阳金桔为浏阳市特色地方产品，金柑属，金弹种，其果实圆形，果皮橙黄、鲜艳、果肉乳白色，细嫩汁多，风味独特，酸甜适中。果皮、果肉均可食用，果实少核或无核。可加工金柑花，是鲜食、加工皆宜的优质柑桔品种。

任务内容：请同学们以"浏阳金桔"为对象，创作"浏阳金桔"短视频文学脚本，并逐步设计"浏阳金桔"短视频分镜头脚本。

任务自测

在线测试

表 2-2-5 《开“橙”布公 美味可见》完整分镜头脚本

场景	镜号	景别	摄法	时长 / 秒	画面内容	字幕	音效	音乐
场景 1	1	近景	推镜头仰拍	2	麻阳冰糖橙果园中，轻轻的微风拂过树梢，小鸟叽叽喳喳地在树叶间唱歌，沉甸甸的果实挤满枝头	原生态橙园（淡入）	小鸟的叫声	纯音乐
	2	近景	固定镜头仰拍	2	站在树下，抬起头，阳光透过树梢，斑斑驳驳地洒落下来			
场景 2	1	中景	推镜头右侧方俯拍	4	干净整齐的桌面上，摆放着洁白的瓷器，几个饱满大颗的冰糖橙，分两层陈列，下层 4 个，上层 1 个，整齐平稳地挺立着	新鲜现摘，香甜美味（淡入）		
	2	中景	固定镜头平拍	1	突然，一阵又轻又薄的水雾，往桌面的左下角和顶部喷洒出来，水雾中冰糖橙的表皮光滑、鲜亮			
	3	特写	固定镜头平拍	1.5	瞧，还有一颗小小的水珠，正偷偷顺着果皮快活地逃跑呢			
	4	中景	固定镜头平拍	2	这边洁白的桌面正中间，一根新鲜的冰糖橙树枝正静静地躺着。突然，一个冰糖橙向右边、向左边快速滚动，吸引了所有人的目光			
场景 3	1	近景	固定镜头平拍	5	一个女孩用水果刀慢慢切开冰糖橙，颗颗果粒都清晰可见	细腻多汁，颗颗果粒看得见（淡入）		
	2	中景	固定镜头左侧方俯拍	3	白色背景下，少量树叶围绕，六块橙子切片，每行 3 块分两行整齐摆放在中间位置，四周辅光源摇晃着，变换着不同的位置，让果肉呈现不同的光影效果			
场景 4	1	近景	固定镜头左侧方俯拍	1	两根洁白的手指，轻轻拿起一个完整的橙子，从上往下投入装有清水的白色杯中	皮薄肉多，新鲜多汁（淡入）		
	2	特写	固定镜头左侧方俯拍	1	果实快速坠落，变成了片片果肉，只见果肉在水中溅起无数水花		橙子入水声	
	3	特写	固定镜头左侧方俯拍	1.5	橙肉在水里互相碰撞，泛起阵阵波纹，让人忍不住想拿起一片放入口中			

续表

场景	镜号	景别	摄法	时长 / 秒	画面内容	字幕	音效	音乐
场景 4	4	近景	固定镜头左侧方俯拍	1	轻轻搅动杯中的水，然后快速抬起手，只见橙肉在水的惯性下，快活地旋转着			纯音乐
场景 5	1	近景	固定镜头平拍	2	一片橙肉被高高地拿起，在灯光的照射下，晶莹剔透的水珠，像精灵一样附在果肉的最底端，闪耀着光芒。那颗小水珠颤颤悠悠地晃动着，终于慢慢落了下来			
场景 6	1	近景	固定镜头平拍	2	女孩正用镊子夹起一片新鲜嫩绿的薄荷叶，轻轻地将其放在盛满果汁的透明玻璃杯中，杯中满满的橙汁仿佛快要溢出来	开“橙”布公　美味可见（淡入）		
	2	近景	固定镜头平拍	1	女孩端起盛满果汁的玻璃杯，轻轻送到镜头前			

任务评价

评价项目	评价内容	自我评价等级				
		优	良	中	较差	差
知识评价	能够掌握短视频脚本的类型及适应场合					
	能够掌握分镜头脚本的设计过程与方法					
技能评价	具有团队协作完成短视频脚本的能力					
	具有分镜头脚本设计的能力					
	具有知识迁移的能力					
创新素质评价	能够清晰有序地梳理与实现任务					
	能够挖掘出课本之外的其他知识与技能					
	能够利用其他方法来分析与解决问题					
	能够进行数据分析与总结					
	访问符合国家法律法规的短视频平台					
	观看传递正能量与正向价值观的短视频作品					
	能够正确看待网络安全问题					
	能够诚信对待作业原创性问题					

续表

评价项目	评价内容	自我评价等级				
		优	良	中	较差	差
课后建议及反思						

任务拓展

文本资料：声音与画面的关系

微课视频：声音与画面的关系

项目小结

本项目通过 2 个任务，让学生掌握短视频的不同类型，掌握短视频用户画像与选题策划，能够根据不同的选题撰写短视频脚本，具备分镜头脚本设计的能力，培养学生传播传统文化的意识与短视频策划的职业素养。

项目三

短视频拍摄

教学目标

知识目标：

- 掌握摄像用光的类型与特点；
- 掌握摄像用光的光位与光型；
- 掌握主观镜头与客观镜头的使用；
- 掌握固定镜头与运动镜头的使用；
- 掌握短视频画面的结构成分与构图方法。

技能目标：

- 具备摄像布光的能力；
- 具备使用不同构图拍摄短视频的能力。

创新素质目标：

- 培养学生清晰有序的逻辑思维；
- 培养学生摄像作品创作与分析的意识；
- 培养学生系统分析与解决问题的能力；
- 培养学生发现美、创造美的意识；
- 培养学生摄像师的职业素养。

思维导图

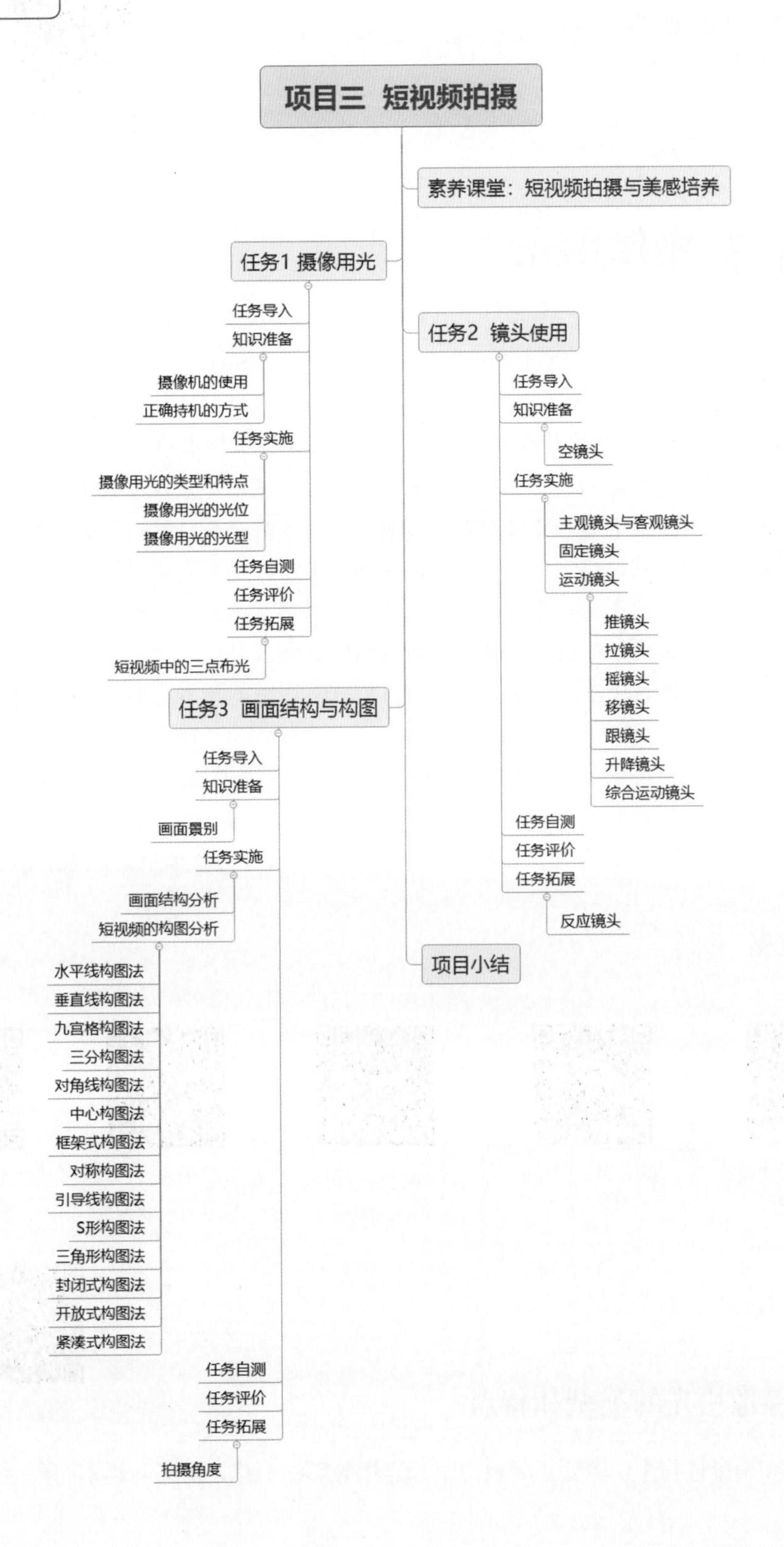
项目三 短视频拍摄
素养课堂：短视频拍摄与美感培养
任务1 摄像用光
任务导入
知识准备
摄像机的使用
正确持机的方式
任务实施
摄像用光的类型和特点
摄像用光的光位
摄像用光的光型
任务自测
任务评价
任务拓展
短视频中的三点布光
任务2 镜头使用
任务导入
知识准备
空镜头
任务实施
主观镜头与客观镜头
固定镜头
运动镜头
推镜头
拉镜头
摇镜头
移镜头
跟镜头
升降镜头
综合运动镜头
任务自测
任务评价
任务拓展
反应镜头
任务3 画面结构与构图
任务导入
知识准备
画面景别
任务实施
画面结构分析
短视频的构图分析
水平线构图法
垂直线构图法
九宫格构图法
三分构图法
对角线构图法
中心构图法
框架式构图法
对称构图法
引导线构图法
S形构图法
三角形构图法
封闭式构图法
开放式构图法
紧凑式构图法
任务自测
任务评价
任务拓展
拍摄角度
项目小结

素养课堂 短视频拍摄与美感培养

短视频拍摄与美感培养

任务1 摄像用光

任务导入

"湘果工作室"团队撰写完短视频脚本，并设计出分镜头脚本后，马上就进入短视频拍摄阶段了。光是摄影摄像的基础，没有光，就不可能有影视艺术。短视频拍摄也是影视创作的一种，因此光在短视频拍摄中起着非常重要的作用，处理不好光会让短视频画面效果大打折扣。在短视频拍摄创作中，我们经常会使用灯光，因为灯光可以满足我们对画面的创作要求，如何运用好灯光是摄影摄像人士必须掌握的一项基本技能。那么光有哪些类型？它们又存在着哪些不同呢？光位又是什么呢？让我们一起来帮助他们解决吧！

问题1：短视频拍摄时会用到哪些光？它们又有哪些分类？不同类型的光的特点与使用范围是什么？

问题2：为了营造不同的氛围，如何根据拍摄主体所处的环境和创作意图来选择光位？

问题3：在短视频拍摄时，被摄主体所接收的光线往往不止一种，而且不同的光线作用也不一样，这些光线的不同作用就是光型。光型有哪些？它们在整个短视频中起到的作用又是什么呢？

知识准备

文本资料：拍摄设备的正确使用方法

微课视频：摄像机的使用

微课视频：单反相机的使用

微课视频：手机摄影参数的设置

微课视频：正确持机的方式

任务实施

微课视频：摄像用光的类型和特点

一、摄像用光的类型和特点

在短视频拍摄过程中，需要正确地理解和运用光影的变化，对光与影不同程度的组合和造型，可以传达出拍摄者的思想和情感，形成精彩绚丽的画面，展现出视频独特的魅力，创造出优质的视频作品。

（一）自然光源和人工光源

生活中能发光的物体叫光源，根据属性，光源可分为自然光源和人工光源。自然光源自身能发光，如太阳、闪电、萤火虫等；人工光源自身不能发光，如闪光灯、LED 等各种灯。

1. 自然光源

自然光源发出的光叫自然光，又称天然光，通常指太阳光，如图 3-1-1 所示。一般太阳光由七种颜色的光组成，分别是红、橙、黄、绿、蓝、靛、紫。太阳光具有变化多、亮度强、照明范围广、光线均匀、时间性很强等特点，早晚等特殊时段能产生别具美感的画面。太阳光的强弱随着季节、时间、气候、地理条件而变化，不同的时期，光照强弱都有所不同，所拍摄出来的画面效果差异很大。

图 3-1-1 自然光

一天之中，太阳光因早晚时刻的不同，照明的强度和角度也不一样。

黎明、黄昏时分即日出前的半小时和日落后的半小时，此时太阳可能尚未出现，又或是已日落西山，整体的环境相对较为昏暗，不过天空亦可见微弱的光线。在这个时段天空颜色变化较大，可能是呈现暖红色，又或是偏冷的蓝紫色。

日出之后或日落之前的一小时是摄像人常称的“魔法时刻”时段，太阳光和地面的夹角成 0° ～ 15° ，景物的垂直面被大面积照亮，并留下长长的投影。早晚还伴有晨雾和暮霭，空间透视感强烈，拍摄近景，景调柔和；拍摄全景，整体环境则显得浓淡相宜，层次丰富。这个时段非常短暂，光线强弱变化大，要注意曝光控制。对很多摄像者来说，这个时段是一个比较理想的拍摄时段。

上午 8 点到 11 点、下午 2 点到 5 点这一时段的光线，照明强度比较稳定，能较好地表现出地面景物的轮廓、立体形态和质感。在摄像中，这段时间称为正常照明时段，此时太阳光不但对垂直景物照明，也对被摄主体周围的水平景物照明，产生了大量的反射光，从而缩小了被摄主体的明暗光比。此时所拍摄出来的画面的明暗反差效果极好。

中午时分的太阳光，从上向下垂直照射地面景物，景物的水平面被普遍照明，而其垂直面的照明却很少或完全处于阴影中。这种直射光线光质较硬，容易在被摄主体上制造浓重阴影，如拍摄人像，此时人像主体脸部的鼻下、眼睛及颈下等位置会产生浓重阴影，效果不是很理想。

2. 人工光源

在拍摄短视频时，一定免不了在室内拍摄。在室内摄像时，人造光源就起到了非常关键的作用。在室内拍摄前，拍摄团队要提前确定好所采用的光源种类和布光方法。柔光灯、聚光灯和闪光灯等都是可供选择的最基本的人造光源。

相对于自然光而言，人工光具有亮度弱、强度低、可覆盖范围小、变化少等特点，而且照明效果受距离远近的影响，但在照明亮度、照射角度和光源色温等控制和调节上，不受季节、时间、气候和地理等自然条件的干扰限制，可以让拍摄团队能随心所欲地设计和模拟各种光照场景，按照自己的艺术构想拍摄出不同的光线效果和丰富的画面影调。

大部分情况下，外景拍摄主要依靠自然光照明，人工光则多用作辅助照明，但自然光有一个不足，就是受时空变化影响，不能按照人们的主观想法呈现。

（二）软光和硬光

按照拍摄所用光线的软硬程度可以分为软光和硬光，如图 3-1-2 所示，其区别主要体现在光源的聚散、强弱和光源的投射距离方面。

图 3-1-2　软光与硬光

硬光通常是直射光，如太阳、聚光灯、手电筒、汽车大灯等产生的光。硬光照明人或物时光线充足，方向性强，立体感好，能在光滑表面产生反光和耀斑，形成轮廓清晰的阴影和高反差的影调，造型能力强，但如果亮度间距过大，会使被拍摄主体的亮部和暗部细节受损。

软光通常由散射光构成，如阴天或多云时的自然光、柔光灯的光等。光线柔和均匀，没有明显的方向性，物体有微弱的阴影或没有阴影，明暗反差小，明暗部位的质感都能得到细腻表现，影调层次丰富。硬光与软光在人物摄影时的效果对比如图 3-1-3 所示。

硬光拍摄

软光拍摄

图 3-1-3　硬光与软光在人物摄影时的效果

不同的物体、情绪、场景，对光的软硬程度要求也是不一样的。比如要拍摄温暖、明亮、清新的主题，一般使用软光拍摄；如果要体现人物的情绪落差，体现孤独、阴暗、厚重的时候，需要拍摄出强烈的对比和反差，就用硬光拍摄。光的软硬度是可以相互转化的，如具体拍摄的时候，可以通过柔光板、柔光箱、反光板等，把硬光变成软光；晴天在室外拍摄时，如在树荫下拍摄，树的枝叶会遮挡住太阳的直射光，而周围反射的光线会给被摄对象营造出柔和的照明效果。

（三）直射光、散射光和反射光

从光的投射方式来区分，可分为直射光、散射光和反射光三种。接下来介绍直射光、散射光和反射光各自的特点和作用。

1. 直射光

直射光是指没有经过任何遮挡直接照射到被摄对象的光线。在直射光下拍摄比较明显的是被摄对象受光的一面会产生明亮的影调，而不直接受光的一面则会形成明显的阴影。在直射光下，被摄对象受光面及不受光面会有非常明显的亮度反差，因此，很容易产生立体感。通常情况下，在自然的直射光或影棚内的直射光条件下进行拍摄时，拍摄者经常会利用反光板来对被摄对象阴影部分进行一定的补光，这样画面效果看起来会更自然一些。对于初学者，如果不具备反光板等配件，可以使用有反光效果的白板、白纸或白色衣服等来进行一定的反光。

2. 散射光

散射光是指没有明确照射方向的光，如阴天、雾天时的太阳光或添加了柔光罩的灯光。散射光的特点是均匀柔和，被摄对象明暗反差小，影调平淡柔和，可以较为理想地把被摄对象细腻且丰富的质感和层次表现出来，其缺点是画面色彩比较灰暗，被摄对象立体感差。

3. 反射光

光线照到物体表面被物体反射回来的光线叫反射光。反射光不是由光源直接发出照射到被摄对象上的，而是经过一次反射，然后再照射到被摄对象上。通常情况下，反射光要弱于直射光，但强于自然的散射光。利用反射光可以使被摄对象获得的受光面比较柔和。反射光最常用于自然光线下的人像摄像，使主体人物背对光源，然后使用反光板对人物面部进行补光。另外，在拍摄一些商品或静物时也经常使用到反射光。

（四）冷色光和暖色光

按光的冷暖不同，光线可分为冷色光和暖色光。说到光的冷暖，我们先来了解色温。光线的颜色常用色温来表示，色温是表示光线中包含颜色成分的一个计量单位，以 K（开尔文）为单位。光线色温不同，光色不同，带来的感觉也不相同。高色温光源照射下，亮度不高就会给人们一种阴冷的感觉；低色温光源照射下，亮度过高则会给人们一种闷热的感觉。色温越低，色调越暖，画面越偏黄；色温越高，色调越冷，画面越偏蓝。任何光源都可以用色温来表示，表 3-1-1 为典型光线色温对照表。一般来说，色温在 5300K 以上的是冷色光，色温在 3300K 以下的是暖色光。

表 3-1-1　典型光线色温对照表

光线	色温 /K	光线	色温 /K
正午的太阳光	5500	蜡烛光	1800~2000
阴天、雾天的太阳光	6800~7000	摄影灯光	3000~4000
晴空蓝天的太阳光	10000~20000	普通灯泡光	2400~2900
日出、日落时的太阳光	2000~3000	日光灯光	6000

光线的冷暖给人的视觉和心理感受是不一样的，暖色使人产生前进和放大的视觉感，具有兴奋、火热、积极向上精神的特点；冷色让人产生后退、收缩的视觉感，具有沉静、冰冷、压抑的特点，如图 3-1-4 所示。

图 3-1-4　暖色调和冷色调

拍摄短视频时常利用背景和拍摄对象自身颜色的反射来强化冷暖对比，从而突显主体。表 3-1-2 为常见短视频拍摄场景色温参考表。拍摄时，可以根据不同的场景或主题影调，将摄像设备中的色温做相应的调整。

表 3-1-2　常见短视频拍摄场景色温参考表

场景	色温 /K	场景	色温 /K
建筑物外墙	1700	学校	3500
面包	2500	医院	4000
鲜肉	3000~3200	宾馆	2700~3500
服饰	3000~4000	办公	3500
果蔬	4000	制造	4000~6000
珠宝	6000~7000	水产	6000~7000

学以致用

请同学们以小组为单位，拍摄以下两组视频，每位组员拍摄不少于9个镜头，组内对所拍摄的视频画面进行分析，将分析结果填入表3-1-3中。

（1）选择晴天和阴天，分别拍摄室外9：00、12：00、16：00等不同时间人和景物的视频。

（2）在室内选择手电筒、日光灯、台灯等不同人造光源，拍摄一组人和景物的视频。

表3-1-3 摄像用光的类型和特点分析

环境	时间	光源	光线的投射方式（直射光/散射光/反射光）	光的软硬（软光/硬光）	光的冷暖（冷色光/暖色光）	视频画面分析
晴天室外	9：00	太阳				
	12：00	太阳				
	16：00	太阳				
阴天室外	9：00	太阳				
	12：00	太阳				
	16：00	太阳				
室内		手电筒				
		日光灯				
		台灯				

二、摄像用光的光位

（一）水平方向光位

微课视频：摄像用光的光位

光位是指光源投射光线相对于被摄对象的位置或角度。随着光源在水平位置的移动，产生的常见光位如图3-1-5所示。在拍摄过程中，不同光位拍出的画面效果也不同。

1. 顺光

顺光，也称正面光，其投射光线方向与相机镜头的拍摄方向一致。在实际的拍摄中，顺光模式较多。由于光线的直接投射，顺光光线照明均匀，阴影面小，并且能够隐没被摄对象表面的凹凸不平，使被摄对象影像更明朗，画面均匀光亮，能很好地再现物体的色彩，适宜

图3-1-5 水平方向的光位

拍摄明快、清雅的画面，如图 3-1-6 所示。其缺点是顺光难以表现被摄对象的细节层次和线条结构，从而容易导致画面平淡，以及被摄对象的立体感和空间感不强。

2. 逆光

逆光是指从摄像机正前方、被摄对象正后方投射光线，也称背面光。逆光条件下，摄像者的拍摄方向和光线的照射方向完全相反，拍摄的照片效果和顺光条件下的完全相反。逆光拍摄，被摄对象边缘部分被照亮，形成轮廓光或剪影效果，如图 3-1-7 所示。有些被摄对象如树叶、头发等，在逆光的情况下会被光线打透，从而更加美丽有质感。为防止画面明暗反差过大，可以使用反光板或闪光灯等补光工具控制亮度平衡。如果不对被摄对象进行补光，很可能出现剪影的效果。

图 3-1-6　顺光拍摄

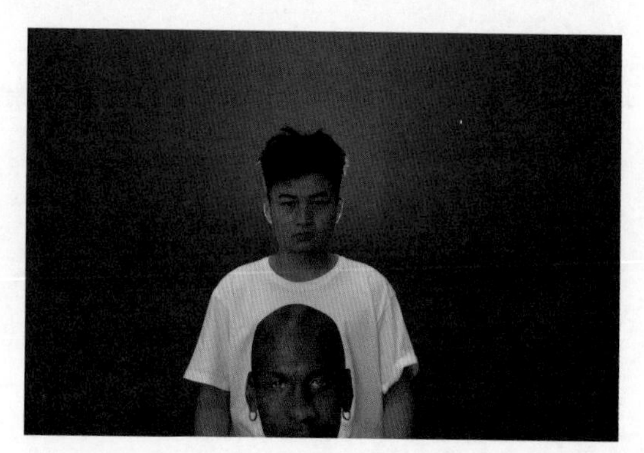

图 3-1-7　逆光拍摄

3. 侧光

侧光是指光线的投射方向与摄像机的拍摄方向成 90 度的夹角，也称边缘光。被摄对象有明显的受光面和背光面之分，光线的方向和明暗关系十分密切。侧光使被摄对象有鲜明的层次感和立体感，被称为质感照明。但侧光运用在人像拍摄时，容易暴露被摄者皮肤的瑕疵，形成明暗过渡不均的阴阳脸的效果，如图 3-1-8 所示。可以使用反光板或闪光灯对暗部进行补光，减小光比，以营造柔和的画面效果。在拍摄人物时，侧光适合用于表现个性鲜明、强硬人物形象的拍摄，一般不太适合用于强调浪漫画面效果的拍摄。

4. 前侧光

前侧光是指光线的投射方向与镜头光轴方向呈 45 度左右夹角。前侧光拍摄条件下，被摄对象的整体影调较为明亮，但相对顺光拍摄而言，其光线亮度较小，被摄对象部分受光，且有少量的投影，对于立体感的呈现较为有利，也有利于使被摄对象产生较好的明暗对比，并能较好地表现出其表面结构和纹理的质感。前侧光拍摄人物时，光线会使人物面部形成适当的明暗反差，起到了增强面部立体感的作用，使画面的立体效果突出，如图 3-1-9 所示。

5. 侧逆光

侧逆光是指光线的投射方向与镜头光轴方向呈水平 135 度左右夹角。由于采用侧逆光拍摄时无需直视光源，因此不需考虑眩光的出现，在侧逆光拍摄下，影像往往会形成偏暗的影调效果，多用于强调被摄对象外部轮廓的形态，是表现物体立体感的理想光线。

图 3-1-8 侧光拍摄

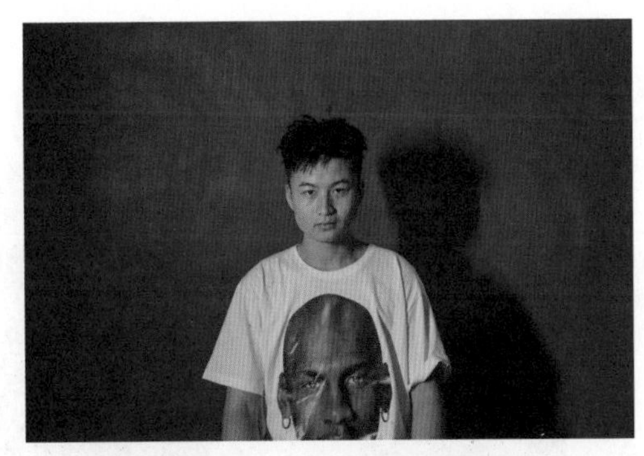
图 3-1-9 前侧光拍摄

侧逆光和逆光所拍摄出来的效果区别不大。在逆光拍摄画面时，总会发生对不上焦的情况，因为画面的明暗反差太大，但是侧逆光拍摄时就没有这个问题。侧逆光将人物背部与脸部的局部轮廓照亮，形成局部轮廓光，使得人物面部区域会接收到一定的光线，方便对焦操作，拍摄效果如图 3-1-10 所示。

图 3-1-10 侧逆光拍摄

（二）垂直方向光位

当直射光源在垂直方向移动变化时，就出现垂直方向的光位，即顶光、底光、高位光、低位光、中位光等，如图 3-1-11 所示。

1. 顶光

顶光是指从上向下垂直照射，也就是从被摄对象的上方向下投射。虽然从正上方照射的光线几乎不会令被摄对象出现阴影，但是当拍摄女性人像时，为了将头发拍得漂亮而使用顶光的话，光源从被摄对象正上方照射下来容易造成脸部的阴影，如图 3-1-12 所示。这时候就可以使用反光板等来减弱阴影。

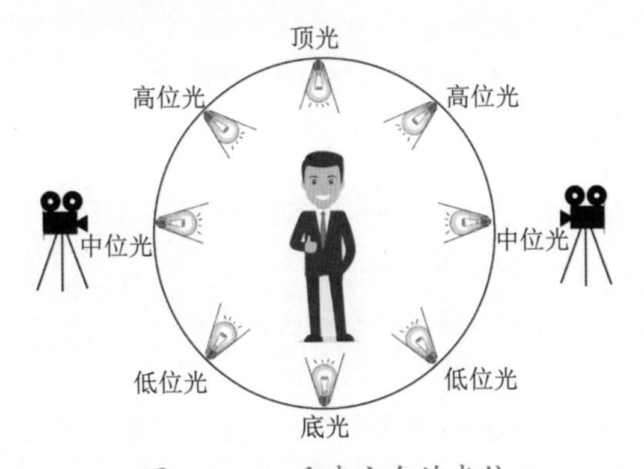

图 3-1-11 垂直方向的光位

图 3-1-12 顶光拍摄

2. 底光

底光是从被摄对象的底部垂直照上来的，它往往会使被摄对象显得严肃。纯粹的底光拍摄容易拍出阴森、恐怖、刻板的效果，但在拍摄特殊的风景或物体时，却能产生奇特效果，如图3-1-13所示为底光拍摄的人物与产品效果。

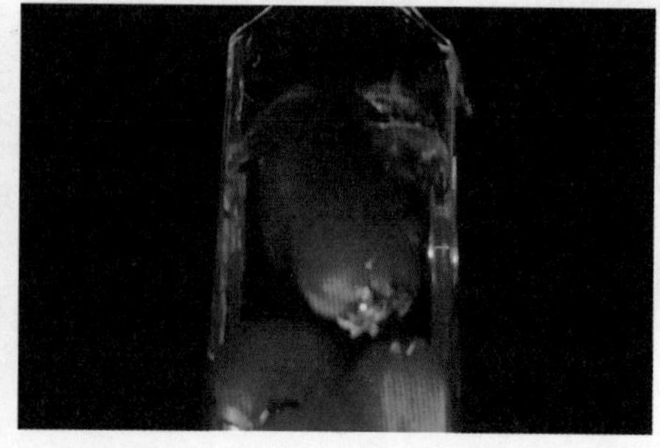

图 3-1-13　底光拍摄

3. 高位光

高位光是指从高于视平线角度向下投射，符合人们正常视觉感受。高位光拍摄下，被摄对象大部分接收光线照射，物体的轮廓分明且有立体感，投影正常，色彩好。高位光拍摄是拍摄中最常选的光位，可以从正面、前侧和正侧等方向进行拍摄，拍摄效果如图3-1-14所示。

正面高位光拍摄

前侧高位光拍摄

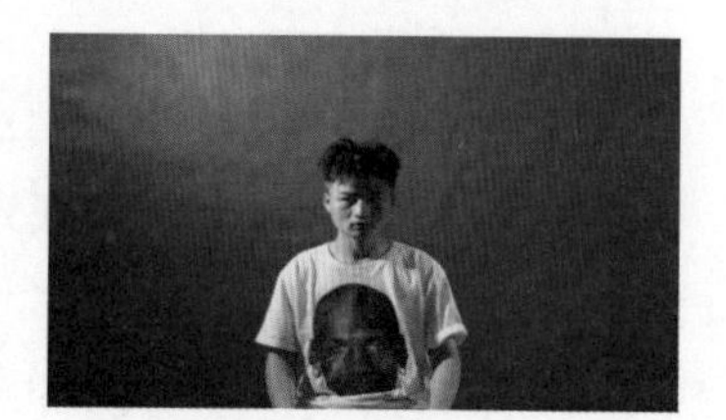

正侧高位光拍摄

图 3-1-14　高位光拍摄

学以致用

请以小组为单位，完成以下任务：

1. 在自然光下，选一位同学为模特，分别选择顺光、前侧光、侧光、侧逆光、逆光模式拍摄一张其近景照片，分析光源的照射方向对被摄对象的明暗影响，并分析光源对质感和形体表现等造型效果的影响。

2. 在摄影棚内，选一位同学为模特，移动光源的垂直位置，用低光、高光、顶光分别为其拍摄一张近景照片，观察并比较不同光位下拍摄效果的区别。

三、摄像用光的光型

微课视频：摄像用光的光型

光型是指各种光线在拍摄时对被摄对象所起的作用。在短视频拍摄时，被摄对象所接收的光线往往不止一种，而且不同的光线作用也不一样。根据光线在造型中的作用不同，可以将光型分为主光、辅光、修饰光、轮廓光、背景光、模拟光等，如图 3-1-15 所示。

1. 主光

主光又称塑形光，用以显示景物、表现质感、塑造形象。它用来照亮被摄对象最有特点的部位，塑造被摄对象的基本形态和外形结构，吸引观众的注意力。其他光的配置都是在主光的基础上进行的，主光不一定是最强的光，但起着主导作用，突出物体的主要特征。所以主光灯的左右位置及其高低远近，拍出的被摄对象的形态各不相同。从顺光位到侧光位或侧逆光位均可用作主光灯位，在拍摄中根据被摄对象的轮廓、质感、立体感和画面明暗影调的表现需要来决定。主光灯既可借助太阳也可采用人造光源。选择人造光源时通常将主光灯设置在被摄对象的前方上侧位置，拍摄效果如图 3-1-16 所示。

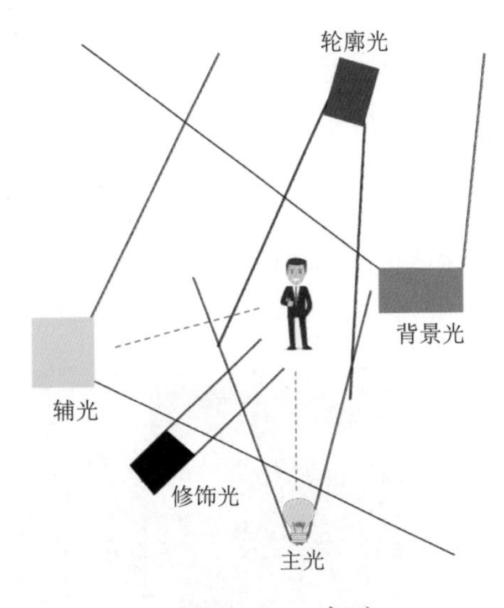

图 3-1-15 光型

2. 辅光

辅光又称补光，用于补充主光照明。它用于照明被摄对象的阴影部分，使拍摄对象亮度得到平衡，以帮助主光造型。当拍摄人物面部时常使用反光板补光，如图 3-1-17 所示。

图 3-1-16 主光造型图

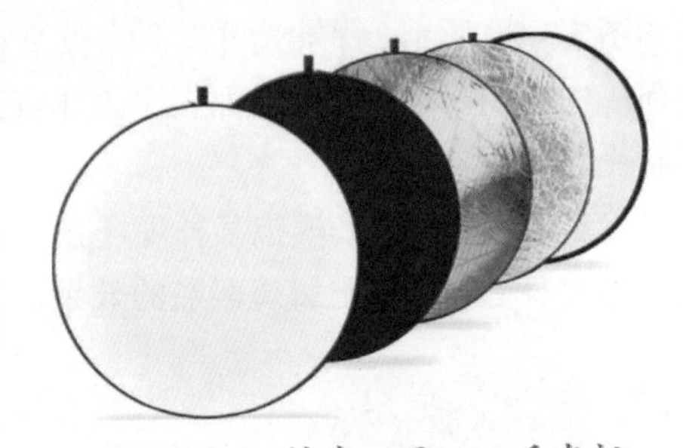

图 3-1-17 辅光工具——反光板

辅光通常是柔和、无明显方向的散射光或反射光，一般不选择直射光，否则会形成画面多个角度的高光点，不符合视觉规律。通常情况下，辅光灯放在摄像机左右两侧，大部分情况下，主光相对于辅光其光线更强或是更硬一些。但是，在一些特殊情况下，比如人物轮廓颜色偏深时，或者拍摄发丝时，辅光（轮廓光）的强度就可以比主光强。

在照明布光时，摄像师还需要考虑到光比。光比是指照明环境下被摄对象暗面与亮面的受光之比。光比对画面的反差控制有着重要影响，光比越大，画面反差越大，光比越小，则画面反差越小。

3. 修饰光

修饰光又称装饰光，用来修饰被摄对象和弥补照明缺陷，突出细节造型和质感。修饰光可以修饰并更精细地展现被摄对象，为画面增加气氛。修饰光灯一般多用小灯，位置不定。图3-1-18所示玩具头上的耀斑光就是修饰光的效果，突出玩具细节。

4. 轮廓光

轮廓光是用来勾画被摄对象的形体轮廓的，属于修饰光的范围。轮廓光能很好地呈现被摄对象的形状，增强被摄对象的线条感与生动性，形成明亮的边缘和轮廓形状，使人物与人物、物体与背景分开，增强画面的空间深度。图3-1-19所示中的轮廓光是相对摄像机方向照射的光线，是逆光效果。在主体和背景影调重叠的情况下，比如主体与背景都很暗，轮廓光就起到了分离主体和背景的作用。在用人造光源照明时，轮廓光经常和主光、辅光配合使用，使拍摄画面影调层次更富于变化，从而增加画面形式和美感。

图3-1-18　修饰光拍摄效果

图3-1-19　轮廓光拍摄效果

5. 背景光

背景光又称环境光，背景光的光源通常位于被摄对象的后方，光线朝背景或周围环境照射，拍摄效果如图3-1-20所示。背景光可以消除被摄对象在环境背景上的投影，使主体与背景分开，可描绘出环境气氛和背景深度，从而突出主体或美化画面。

6. 模拟光

模拟光又称效果光，用来模拟某种现场光线效果而添加的辅光。例如，模拟阳光穿透窗户，照射在屋内小狗身上，呈现出斑斑驳驳的效果，如图3-1-21所示。

图3-1-20　背景光拍摄效果

图3-1-21　模拟光拍摄效果

学以致用

请以小组为单位，每组选一位同学为模特，布置主光、辅光、修饰光、轮廓光、背景光、模拟光，并拍摄一系列视频画面，观察并分析不同光型的效果。

任务自测

在线测试

任务评价

评价项目	评价内容	自我评价等级				
		优	良	中	较差	差
知识评价	掌握摄像用光的类型与特点					
	掌握摄像用光的光位					
	掌握摄像用光的光型					
技能评价	具有利用不同光线拍摄短视频的能力					
	具有知识迁移的能力					
创新素质评价	能够清晰有序地梳理与实现任务					
	能够挖掘出课本之外的其他知识与技能					
	能够利用其他方法来分析与解决问题					
	能够挖掘摄像艺术创作的独特性					
	能够进行数据分析与总结					
	能够拍摄具有美感与正能量的短视频作品					
	能够正确看待摄像师职业素养问题					
	能够诚信对待作业原创性问题					
课后建议及反思						

任务拓展

文本资料：短视频中的三点布光

微课视频：短视频中的三点布光

任务2 镜头使用

任务导入

通过丰富的镜头语言，可以使原本不动的景物动起来，使运动的物体更具动感。拍摄短视频就像撰写文章，而镜头语言就像是文章中的语法。通过不同的镜头语言，拍摄出不同的短视频画面效果，是短视频拍摄者必备的技能。

“湘果工作室”团队发现了神奇的镜头语言后，决定好好地学习这一块的知识。在短视频拍摄创作中，不同的镜头都有哪些功能与作用？如何根据不同的场景与内容来选择合适的镜头？让我们一起来帮助他们解决吧！

问题1：短视频摄像师在创作作品时是利用摄像机镜头来获取画面的，镜头永远在代表或模拟一个视点，因视点不同给观众带来的视觉效果也就不同。摄像师正是借助这种视点不同引起人们视觉与心理变化，利用镜头语言来传情达意，给观众以想象的空间与参与的机会，使观众对视频中的人物或叙述的故事产生共鸣，从而达到引人入胜的效果。根据镜头表现方法的不同，镜头主要分为主观镜头、客观镜头及反应镜头，那么什么是主观镜头与客观镜头呢？

问题2：短视频作品中使用最多的是固定镜头，学习摄像必须首先掌握固定镜头的拍摄与使用，并处理好运动镜头与固定镜头的关系。那什么是固定镜头？固定镜头的作用又体现在哪些方面？

问题3：固定镜头也有其局限性，就是在营造和表现动态效果上有所不足。很多情况下，需要利用摄像机的运动来呈现动态的画面效果，所以什么是运动镜头？又有哪些常用的运动镜头？不同的运动镜头所呈现的镜头效果又是怎么样的？在使用运动镜头时，我们又该注意些什么？

知识准备

文本资料：空镜头

微课视频：空镜头

任务实施

微课视频：主观、客观镜头

一、主观镜头与客观镜头

（一）主观镜头

主观镜头是把摄像机的镜头当作剧中人的眼睛，因它代表了剧中人物对人或物的主观印象，带有明显的主观色彩，可使观众产生身临其境、感同身受的效果。

在短视频中，经常会有人或动物做“看”的动作，如转头看、聚精会神地看等，接着下一个镜头就切换成他（它）正在看的景物，这种镜头用的就是主观镜头。如图 3-2-1 中前一个镜头是女孩提醒朋友那边有一朵好美的花，下一个镜头是花的画面，就是运用了主观镜头进行的拍摄。

图 3-2-1　主观镜头拍摄

（二）客观镜头

客观镜头，又称中立镜头，是短视频拍摄中最为常见的一种拍摄方式。客观镜头拍摄不以剧中人的眼光来观看景物，而是直接模拟摄像师或观众的眼睛，从旁观者的角度纯粹客观地描述人物活动和情节发展。采用客观镜头拍摄时，要保证不让被摄对象直视摄像机镜头，否则很容易破坏观众在观看时那种局外旁观者的感觉。客观镜头将事物尽量客观地展现给观众，其镜头语言功能在于交代、陈述和客观叙述。

在一般的短视频拍摄中，大部分镜头采用的都是客观镜头。如图 3-2-2 所示的画面中，女孩撑着一把小雨伞，从远处走过来，就是运用了客观镜头拍摄。

图 3-2-2　客观镜头拍摄

（三）主观镜头与客观镜头的区别

在一部电影中，通常将主观镜头和客观镜头结合起来使用，两者相辅相成，各自发挥作用以表达整个短视频的内容及导演的主题、立意。

例如，在拍摄 A、B 两人对话场景时，以演员 B 的视角来看，拍摄演员 A 的单独镜头就是主观镜头；当演员 A、B 二人同时入镜或是透过演员 A 的肩膀拍摄到演员 B 时运用的就是客观镜头。一般拍摄双人谈话的镜头都是从客观的画面开始，等到两人进入深谈时，再转变成主观镜头。

主观镜头和客观镜头之间的区别是不确定的，有时会根据环境的变化相互转换。

例如，如果一个女孩在草地上跳舞，没有人看她，镜头里只有女孩跳舞的画面，这就是客观镜头，但如果有一对情侣坐在旁边的椅子上，一抬头，看到女孩在跳舞，那女孩跳舞的镜头从情侣的角度看就是主观镜头。之后，那对情侣离开了，女孩继续跳舞，跳舞的场景再次变成客观镜头。

由此可见，同一个镜头可以是主观镜头，也可以是客观镜头，取决于其具体使用的场合，由导演的拍摄脚本决定。

学以致用

请同学们完成以下任务：

1. 按照主观镜头与客观镜头的标准，在影视作品中找出两组，并对其进行分析。
2. 以人或动物的视角，选择不同的场景与内容，拍摄 2 组主观镜头。
3. 选择不同的场景与内容，拍摄 2 组客观镜头。

二、固定镜头

微课视频：固定镜头

固定镜头是指在摄像机机位不动、镜头光轴不变、镜头焦距固定的情况下的一种拍摄方式。机位、光轴、焦距的“三不变”是拍摄固定画面的前提条件。图 3-2-3 为固定镜头拍摄的黄昏画面。固定镜头的拍摄过程非常简单，只要将摄像机对准被摄对象就可以了，因此其被称为最简单的摄像方式。

图 3-2-3　固定镜头画面

（一）固定镜头的作用

1. 呈现静态画面效果

固定镜头特别适合用来表现静态的场景，因为固定镜头本身外部框架是静止的、稳定的。在短视频中常用固定镜头拍摄全景和无景画面，如建筑物、街道、山村、河流等，通过固定镜头来交代故事发生的环境或实现场景的切换。这种静态的固定镜头特别适合呈现安静、沉静的情绪，比如为了表现自习室里的安静氛围，可以通过同学们认真上课的画面、托腮思考的脸部特写等多个固定画面来记录和呈现，如图 3-2-4 所示。

2. 表现人物效果

通过固定镜头可以让观众将注意力集中到被摄对象上，让观众去感受被摄对象所说的话或感受其情感。所以在使用固定镜头表现人物时，其呈现的是一种常态，便于通过静态造型引发趋向于静的心理反应，给观众以深沉、庄重、宁静、肃穆等感受。比如短视频作品《致追那束光的你》中的女主角坐在教室里哭泣采用的就是固定镜头，表现了女主角失败后的伤心情绪，如图 3-2-5 所示。

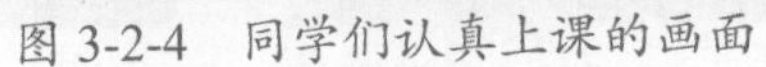

图 3-2-4　同学们认真上课的画面

图 3-2-5　短视频作品《致追那束光的你》画面

3. 记录和反映被摄对象的运动速度和节奏变化

固定镜头拍摄能够比较客观地记录和反映被摄对象的运动速度和节奏变化。运动镜头拍摄时由于摄像机追随运动主体，背景一闪而过，观众难以将之与一定的参照物对比观看，因而也就对主体的运动速度及节奏变化缺乏较为准确的认识。当要记录一段纸飞机从窗外飞过的画面时，如果以运动镜头追随拍摄，纸飞机就会呈现出与画面框架相对静态状态，如果选择大景别有建筑物或绿色藤蔓墙壁的固定镜头，观众就可以看到纸飞机在固定的框架中飞过的轨迹，可以明显感受到纸飞机的轻盈与动感。

(二)固定镜头的拍摄要求

1. 确保稳定和平衡

在正常情况下，每个镜头的拍摄都应该一丝不苟，应坚决消除任何会晃动的因素。即便是在拥挤、紧急等非常局面下，也应力求保持固定画面最大限度的稳定和平衡，而固定镜头通常对画面的稳定有着更高的要求。在固定镜头中，由于没有摄像机的运动成分，画面的倾斜很容易被感受到，特别是以大景别表现具有地平线的自然风光时，画面的轻微不平都会表现为地平线的倾斜，给人以不稳定、不自然的感觉。

一般而论，固定镜头都应尽量使用三脚架来拍摄，以防肩扛、手提拍摄不稳。每个摄像师都要从认真使用三脚架开始，培养敬业精神、严谨的创作态度，拍摄名副其实的固定画面。当然，在实践工作中，由于环境的变化和客观条件的限制，未必都有三脚架，这就需要根据实际情况灵活变通，可以利用生活中的支撑物或稳定点来替代三脚架，帮助我们拍好稳定的固定画面。

2. 捕捉画面动感因素

固定镜头拍摄的画面容易呆板，出现平板一块、缺乏生气的情况。因此，在进行固定镜头拍摄时，应注意捕捉活跃因素，调动动态因素，如随风荡漾的涟漪、草地上摇曳的花朵、哗啦啦的小溪流水、跳动的钟表秒针、人物丰富细腻的表情、顾盼流转的眼神、地上打转的矿泉水瓶等，做到静中有动、动静相宜，如图 3-2-6 所示。

总之，当画面内部动幅较小、动感较弱时，要充分捕捉和调动画面内部的动感元素，这是加强固定镜头画面表现力的有效手段。

3. 展现纵深造型元素

当我们选择拍摄方向、拍摄角度和拍摄距离时，一定要有目的、有意识地提炼纵深方向上的线、形、色等造型元素，并注意利用光和影的节奏、间隔和变化形成带有纵深感的光效和光空间。比如在拍摄人物走过篮球场边时，使用体现栏杆纵深感构图，如图 3-2-7 所示。

图 3-2-6　捕捉画面动感因素

图 3-2-7　固定镜头拍摄

4. 加强镜头内在连贯性

如果两个景别变化不大、人物动作发生变化的固定镜头组接在一起，会在视觉上产生跳动的感觉，画面会显得很不流畅。我们常说的画面与画面组接时的跳，就是初学摄像时易犯的毛病。

当拍摄老师在讲台上授课的场景时，摄像师拍摄了老师抬头与摇头两个中景固定镜头。如果将老师抬头与摇头两个动作都以中景的固定画面相接，我们可以看到画面很明显地跳动了一下，视觉感观上很不流畅，所以在拍摄时还要考虑后期剪辑的组接问题。

遇到这种情况，我们可以改变两个组接镜头的景别，比如老师抬头是全景，老师摇头是近景，拉开了两个镜头之间的景别关系，观众看起来就不会感觉到跳了。有经验的摄像师在拍摄现场工作时，会注意多从不同角度、不同景别来拍摄一些固定画面，并在对同一被摄对象进行固定画面拍摄时，多拍一些不同机位、不同景别的镜头，这样一来，后期剪辑时就比较方便了，镜头的利用率也高。

5. 注重画面构图美感

固定镜头画面构图的好坏，是对摄像者构图技巧、造型能力、审美趣味和艺术表现力的综合检验，往往反映出摄像者的基本素质和工作态度。相对而言，由于运动画面的动态性和整体性，运动镜头某些区域或时段上的构图问题可在一定程度上对其进行掩盖或纠正，观众的注意力有可能被画面的外部运动转移或分散。但固定镜头由于机位、视域和背景的相对固定，画面构图中的不足会在观众眼中被放大，从而影响观众的观看情绪。特别是那些自然风光类以静物表现为主的画面，其构图结构的形式美感就显得更为重要。

因此，摄像人员一定要勤学苦练，在实践中积累经验，在视觉形象的塑造、光色影调的表现、主体陪体的提炼等多方面下功夫，这样才能拍摄出构图精美、景别清楚、画面主体突出、画面信息凝练集中的优秀固定画面来。

学以致用

请以小组为单位，安排在室外或室内进行拍摄实践，小组内成员相互拍摄自我介绍的固定镜头。要求运用无剪辑拍摄，运用固定镜头的拍摄技巧，达到平、稳、准的拍摄要求；短片时间不少于3分钟，要有自己的创意与创新，可以尝试不同的拍摄形式，结合分镜头脚本相关内容，尝试拍摄自我介绍的分镜头。

三、运动镜头

微课视频：运动镜头的定义与分类

运动镜头是相对于固定镜头而言的，摄像机在运动中拍摄的镜头就是运动镜头。运动镜头通过机位、焦距和镜头光轴的运动变化，在不中断拍摄的情况下形成视点、场景空间、画面构图，表现对象的变化，不经过后期剪辑，在镜头内部形成多构图、多元素的组合。运动镜头可增强画面动感，扩大镜头视野，赋予画面独特的感情色彩。

一个标准运动镜头的拍摄包括起幅、运动过程与落幅三个部分。起幅是指运动镜头开始的静止画面，落幅是指运动镜头终结的静止画面。为了后期剪辑方便，在拍摄起幅与落幅画面时至少要停留 5 秒钟以上。

常见的运动镜头有推镜头、拉镜头、摇镜头、移镜头、跟镜头、升降镜头等，不同运动镜头在造型表现上的作用也有所不同。

（一）推镜头

推镜头是摄像机向被摄对象的方向推进，或者变动镜头焦距，使画面框架由远及近向被摄对象不断接近而拍摄的镜头。推镜头的拍摄包括起幅、推出、落幅三个部分。图 3-2-8 是电影《傲慢与偏见》中的推镜头画面，摄像机镜头慢慢推进，最终落在了正在弹钢琴的主角身上。

微课视频：推镜头

图 3-2-8　电影《傲慢与偏见》中的推镜头画面

1. 推镜头的拍摄方法

推镜头的拍摄方法有两种，第一种为摄像机机位移动，沿直线接近被摄对象，如图 3-2-9 所示；第二种为摄像机机位不动，调整焦距由短变长。移动机位的推镜头，随着摄像机的不断向前运动，观众有视点前移身临其境的感觉，透视感加强。变焦距的推镜头很难使观众产生身临其境的感觉，而且由于视角收缩有拉近被摄对象的感觉，透视感减弱，压缩纵向空间。

图 3-2-9　推镜头的拍摄

2. 推镜头的特点

（1）推镜头形成视觉前移效果。从画面看来，画面向被摄对象方向接近，画面表现的视点前移，形成了一种从较大景别向较小景别连续递进的效果，具有大景别转换成小景别的各种特点。这种递进的方式对事物的表现有步步深入的效果和作用。如农产品宣传短视频中，在果园中摄像机慢慢推进，最终呈现一串成熟的果实，在画面中能够看清楚果实的颜色、形状与光泽等细节。

（2）推镜头具有明确的主体目标，其中推进的方向与最终落幅是强调的重点，如图 3-2-10 所示。推镜头向前的运动，不是漫无目的的，而是具有明确的推进方向和终止目标的，即最终所要强调和表现的是被摄对象，由这个主体决定了镜头的推进方向。画面构图应始终注意保持主体在画面结构中心的位置。推镜头从特定环境中突出某个细节或重要情节，使镜头更具说服力。

图 3-2-10　推镜头的主体目标

（3）推镜头让被摄对象由小变大，周围环境由大变小。在一个镜头中就既能介绍环境，又能表现特定环境中的主体，展现了整体与局部之间的关系。

（4）推镜头推进的速度可以影响短视频画面的节奏。如果推进的速度缓慢而平稳，能够表现出安宁、幽静、平和等氛围；如果推进的速度急剧而短促，则常呈现出一种紧张不安的气氛，或是激动、气愤等情绪。特别是急推和快推时，画面的视觉冲击力极强，有震惊和醒目的效果。

学以致用

请同学们完成以下任务：

1. 按照推镜头的标准，在影视作品中找出两组，并对其进行分析。
2. 选择不同的场景与内容，拍摄 4 组推镜头作品。

（二）拉镜头

拉镜头拍摄是指通过摄像机逐渐远离被摄对象，或变动镜头焦距（从长焦调至广角）使画框由近而远与主体脱离一种拍摄方法。不论通过何种方式实现拉镜效果，拉镜头的运动方向正好与推镜头相反。拉镜头拍摄包括起幅、拉出、落幅三个部分。图 3-2-11 是电影《傲慢与偏见》中的拉镜头画面，伴随着欢声笑语，镜头缓缓拉开，笑声回荡在整个庄园上方。

微课视频：拉镜头

图 3-2-11　电影《傲慢与偏见》中的推镜头画面

1. 拉镜头的拍摄方法

拉镜头拍摄的方法有两种，第一种为摄像机机位移动，沿直线远离主体拍摄，如图 3-2-12 所示；第二种为摄像机机位不动，焦距由长变短拍摄，与推镜头拍摄方向相反。

图 3-2-12　拉镜头拍摄

2. 拉镜头的特点

（1）拉镜头形成视觉后移效果。在镜头向后运动或拉出的过程中，使画面从某一主体开始逐渐退向远方，画面表现出视点后移，具有小景别连续转换成大景别的各种特点。

（2）拉镜头使被摄对象由大变小，周围环境由小变大。画面从被摄对象开始，随着镜头拉开，被摄对象在画面中由大变小，环境则由小变大，画面表现的空间逐渐展开，落幅中原主体视觉形象减弱，环境因素加强。这种镜头有利于表现主体和主体所处环境的关系，逐步交代了主体所处的环境。

（3）拉镜头在短视频中可以充分调动观众的想象与猜测，随着镜头的拉开，画面越来越开阔，给观众一种豁然开朗的感觉。

（4）拉镜头一般在短视频结束或段落结束时使用，也时常被用来转场，通过拉镜头自然流畅地从一个场景转换到另一个场景。

（5）拉镜头拍摄时，在镜头拉开的过程中，应注意保持主体在画面结构中心的位置，特别要对视域范围、镜头速度、节奏把握等加强控制。

学以致用

请同学们完成以下任务：

1. 按照拉镜头的标准，在影视作品中找出两组，并对其进行分析。
2. 选择不同的场景与内容，拍摄 4 组拉镜头作品。

（三）摇镜头

微课视频：摇镜头

摇镜头拍摄是指摄像机的位置不动，借助于三脚架上的活动底盘或以拍摄者自身作支点，变动摄像机光学镜头轴线所进行的一种拍摄方法。其所形成的画面效果，与人转动头部或视线由一点移向另一点的视觉效果相似。比如当需要拍摄一群学生在运动场上奔跑的画面时，摄像师可以通过利用摄像机的水平摇动来实现，通过摇镜头拍摄呈现出孩子们活泼欢快的形象。一个完整的摇镜头拍摄包括起幅、摇动和落幅三个部分。图 3-2-13 所示为摇镜头拍摄。

图 3-2-13 摇镜头拍摄

1. 摇镜头的拍摄方法

摇镜头拍摄从运动形式上可分为水平横摇、垂直纵摇、中间带有几次停顿的间歇摇、摄像机旋转一周的环形摇、各种角度的倾斜摇、摇速极快地摇等。图 3-2-14 所示为垂直纵摇的拍摄方法，摄像机位置不变，移动三脚架上的活动底盘，垂直由上往下拍摄，拍摄效果如 3-2-13 所示。

图 3-2-14 垂直纵摇的拍摄方法

需要注意的是，摇镜头拍摄的全过程，一定要做到画面运动平衡，起幅、落幅准确，摇摄速度均匀，间歇间隔的时间要足够，不然会给人一种不协调、不稳定的感觉。

2. 摇镜头的特点

（1）摇镜头通过摄像机的运动将画面向四周扩展，突破了画面框架的空间局限，创造了视觉张力，使画面更加开阔，周围风景尽收眼底。比如展示果园丰收忙碌的场景，多用远景摇镜头，画面从采摘人员正在娴熟地采摘，摇到打包人员正在紧张地打包，一下子将观众的情绪直接带到了果园生活氛围中。

（2）交代同一场景中两个物体的内在联系。比如镜头从讲课的老师摇至听课的学生，镜头中的主体由老师到学生，营造了一种学生在认真听老师上课的故事情境。通过摇镜头，让观众很自然地随着镜头的运动而思考，摇镜头起到了心理暗示与提醒的作用。

（3）摇镜头将性质、意义相反或相近的两个主体连接起来表示某种暗喻、对比、并列、因果关系。比如从在高档奢华酒店用餐的承包商摇到在工地上啃馒头、吃咸菜的工人；从一片花海摇到一群美丽的青春少女；从正向外涌出工业废水的管道口摇到河里漂浮的死鱼；从一个正在扫地的清洁工摇到一旁正往地上吐瓜子皮的青年。

（4）表现内容的突然过渡，让观众产生紧张感和紧迫感。甩镜头是一种特殊的摇镜头，通过快速地摇动镜头，极快地从一个画面转移到另一个画面，而中间的画面则产生模糊一片的效果。这种拍摄方式常用于拍摄逃跑、打斗、紧张地环顾四周等拍摄场景，用于场景的快速转场。比如前一个镜头是一个人正在校园公告栏前看一个舞蹈比赛的消息，下一个镜头通过快速摇动转到了舞蹈比赛的现场。

学以致用

请同学们完成以下任务：

1. 按照摇镜头的标准，在影视作品中找出两组，并对其进行分析。

2. 选择不同的场景与内容，拍摄 4 组摇镜头作品。

（四）移镜头

移镜头拍摄是指将摄像机架在活动物体上随之运动而进行拍摄的一种拍摄方法。拍摄时机位发生变化，边移边拍，可以将摄像机安装在移动轨上或配上滑轮，还可以将摄像机安装在升降机上进行滑动拍摄，由此形成一种富有流动感的拍摄效果。图 3-2-15 所示为电影《天使爱美丽》中的移镜头画面，教室里老师和同学们正在上着课，摄像机在教室的后方，慢慢从左移动到右，整个教室里发生的故事在移镜头中一览无余。移镜头拍摄的画面因其不断变化，表现出一种流动感，使观众产生一种置身于其中的感觉，增强了艺术感染力。

微课视频：移镜头

图 3-2-15　电影《天使爱美丽》中的移镜头画面

1. 移镜头的拍摄方法

移镜头可以向左、右、前、后方向水平移动，不论是往哪个方向移动，每个标准的移镜头拍摄都包括起幅、移动、落幅三个部分。当采用移动镜头拍摄时，多为动态构图。当被拍摄对象呈现静态效果时，摄像机移动，使景物从画面中依次划过，造成巡视或展示的视觉效果；当被拍摄对象呈现动态时，摄像机随之移动，形成跟随的视觉效果。比如拍摄农产品宣传视频时，为了更全面地展示筛选、打包、装车等一系列流程，可以将摄像机架在移动轨道上，沿着各道工序移动拍摄。

2. 移镜头的特点

（1）摄像机的运动使得画面框架始终处于运动之中，画面内的主体不论是处于运动状态还是静止状态，都会呈现出位置不断移动的态势，这也是移镜头最大的特点。比如用移镜头拍摄校园里的孔子雕像，虽然雕像是静止不动的，但画面中的雕像会表现出位移和连续运动的态势。

（2）摄像机的运动直接调动了观众生活中运动的视觉感受，唤起了人们在各种交通工具上及行走时的视觉体验，使观众产生一种身临其境之感。

（3）移镜头表现的画面空间是完整而连贯的。摄像机不停地运动，每时每刻都在改变观众的视点，在一个镜头中构成一种多景别、多构图的造型，起着一种与蒙太奇相似的作用，使镜头有了自己的节奏。

学以致用

请同学们完成以下任务：

1. 按照移镜头的标准，在影视作品中找出两组，并对其进行分析。

2. 选择不同的场景与内容，拍摄4组移镜头作品。

（五）跟镜头

跟镜头拍摄是指摄像机跟着运动的被摄对象进行拍摄的一种拍摄方法。跟镜头拍摄时摄像机要跟随主体的步调，在人物拍摄时运用得最多。通常跟镜头拍摄主体在画面中的位置及整体构图相对稳定。

微课视频：跟镜头、升降镜头

1. 跟镜头的拍摄方法

跟镜头拍摄大致可以分为前跟、后跟（背跟）、侧跟三种情况。前跟是从被摄对象的正面拍摄，也就是摄像师倒退着拍摄，背跟和侧跟是摄像师在拍摄对象背后或旁侧跟随拍摄的方式。图 3-2-16 为侧跟镜头与背跟镜头拍摄画面。图 3-2-17 为背跟镜头拍摄的方法。跟镜头拍摄时，一定要跟上被摄对象，不能出现幅度过大的跳动。

（侧跟）

（背跟）

图 3-2-16 跟镜头拍摄

（背跟）

图 3-2-17 背跟镜头拍摄方法

2. 跟镜头的特点

（1）画面始终跟随运动的主体。被摄对象在画面中位置相对固定，背景环境始终处于运动变化中。在纪实性新闻短视频的拍摄中，跟镜头拍摄有着重要的纪实性意义。

（2）被摄对象在画框中的位置相对稳定，画面对主体表现的景别也相对稳定。稳定的景别形式，可使观众与被摄对象的视点、视距也保持相对稳定，令被摄对象的运动表现保持连贯，进而有利于展示主体在运动中的动态、动姿和动势。

（3）跟镜头与推镜头、移镜头的画面造型有差异。推镜头画面中有一个明确的主体，且其由小到大，景别也变化，而移镜头画面中没有明确的主体，且景别不变。跟镜头画面中也有一个明确的主体，主体走到哪里，镜头跟到哪里。

（4）从人物背后跟随拍摄的跟镜头，由于观众与被摄对象视点的统一，可以表现出一种主观性镜头。摄像机背跟方式的跟镜头，镜头表现的视向，就是被摄对象的视向，画面表现的空间，就是被摄对象看到的视觉空间。这种视向的合一，将观众的视点调度到画面内，跟着被摄对象走来走去，从而有一种强烈的现场感和参与感。要注意的是，镜头一定要跟住，否则会有一种漫不经心或游离感。背跟方式在纪实性节目拍摄中，是加强画面现场感和调动观众的参与感的有效方法。

（六）升降镜头

升降镜头拍摄是指摄像机借助升降装置一边升降一边拍摄的一种拍摄方法。升镜头拍摄可形成俯视拍摄，以显示广阔的空间，降镜头拍摄多用于拍摄大场面，营造宏大气势。电影《泰坦尼克号》与《罗拉快跑》中有很多升降镜头，能够让观众从不同角度、多方位体验到视频画面的连续变化，如图 3-2-18 与 3-2-19 所示。

图 3-2-18　电影《泰坦尼克号》升降镜头画面

图 3-2-19　电影《罗拉快跑》升降镜头画面

在拍摄农产品宣传短视频时，也可以通过升降镜头来拍摄产品加工机器的工作过程，通过强化画面空间的视觉深度感，引发整体画面的高度感和气势感，或者通过上下升降体现镜头中的主体切换，摄像机降到工厂一层去拍摄机器正在自动清洗产品，慢慢升起镜头，画面移到二层，拍摄机器正在自动榨取新鲜果汁，自然地完成了从一个被摄对象到另外一个被摄对象的切换，让画面具有很强的层次感。

（七）综合运动镜头

摄像机在一个镜头中，把推、拉、摇、移、跟、升降等运动模式按照不同程度和方式结合起来的拍摄，称为综合运动镜头拍摄。由于该方法包含多种运动形式，可以在一个镜头中表现一个场景中相对完整的一段故事情节，很好地帮助导演完成叙事和剧情交代，有利于展现画面结构的层次性。相较于其他单一运动形式的运动镜头拍摄，综合运动镜头能表达更为复杂的情节和节奏，可以在单一运动镜头中完成节奏的切换。

学以致用

请同学们完成以下任务：

1. 按照跟镜头、升降镜头的标准，在影视作品中分别找出两组，并对其进行分析。
2. 选择不同的场景与内容，拍摄 2 组跟镜头与 2 组升降镜头作品。

任务自测

在线测试

任务评价

评价项目	评价内容	自我评价等级				
		优	良	中	较差	差
知识评价	能够掌握主观镜头与客观镜头的特点与拍摄方法					
	能够掌握固定镜头的特点与拍摄方法					
	能够掌握不同的运动镜头的特点与拍摄方法					
技能评价	具有拍摄短视频各种镜头的能力					
	具有知识迁移的能力					
创新素质评价	能够清晰有序地梳理与实现任务					
	能够挖掘出课本之外的其他知识与技能					
	能够利用其他方法来分析与解决问题					
	能够挖掘摄像艺术创作的独特性					
	能够进行数据分析与总结					
	能够拍摄具有美感与正能量的短视频作品					
	能够正确看待摄像师职业素养问题					
	能够诚信对待作业原创性问题					
课后建议及反思						

任务拓展

文本资料：反应镜头

微课视频：反应镜头

任务3 画面结构与构图

任务导入

湘果工作室团队掌握了丰富镜头语言的使用，可以使原本不动的景物动起来，使运动的物体更具动感。但要想拍出优质的短视频画面效果，每一个镜头的构图也至关重要。关于画面构图，他们的疑惑可不少，让我们一起来帮助他们解决吧！

问题1：在短视频拍摄创作中，每一个画面都有哪些结构成分？

问题2：在短视频中，有哪些常用的画面构图形式？它们分别有哪些特点？不同的画面构图方法适用范围也有所不同，主要体现在哪些方面？

知识准备

文本资料：短视频拍摄之景别

微课视频：画面景别

任务实施

微课视频：短视频构图

短视频画面构图就是将现实生活中三维立体的世界，通过镜头再现，然后通过对画框内景物的取舍与光线的运用，让画面布局更协调，并突出画面重点。在这个过程中，虽然存在着很多随机的、个性化的创作理念和画面处理方式，但是还存在一定的原则和规律可以遵循，这些技巧和手段可以帮助我们更加明确、直观、有效地通过构图来表达短视频的主题和内容。

一、画面结构分析

在一个短视频画面中存在不同的对象，各对象依照表现重点程度和被视觉重视的程度不同会产生结构上的区分，被分为主要对象和次要对象。根据主次的不同，短视频画面大致由主体、陪体、环境与留白几个成分组成。将这些成分有机地组合起来，是短视频创作者非常重要的任务。

（一）主体

主体就是画面中要表现的主要对象，它既是画面的内容中心，也是画面的结构中心，还是吸引观众眼球的视觉中心。主体在画面中出现的形式往往是以一个或一组对象。鲜明的主体，是整幅画面最引人注意的焦点。

画面主体既可以是单个或多人，也可以是一件物品，或是一栋建筑物等，不论主体是什么，都要保证主体的突出性。主体在画面中起主导作用，是画面存在的基本条件，是摄像师拍摄的主要目的。突出的主体形象，可以形成一呼百应的引领效果。如果主体不突出，画面就会显得平淡而且散乱，没有吸引力。如图 3-3-1 所示电影《少年派的奇幻漂流》画面中，少年便是画面的主体。

图 3-3-1 电影《少年派的奇幻漂流》画面

（二）陪体

画面中的陪体是相对于主体而言的，陪体的主要作用就是给主体当陪衬。和演戏一样，一部完整的剧，需要用主角贯穿故事主线，配角给主角当陪衬，辅助主角完成故事主线。陪体和主体的关系，就好像一部戏里的主角和配角，陪体的出现，可以帮助主体更好地诠释摄影主题，让摄影作品的画面元素更丰富。图 3-3-1 所示画面中，狮子和小船是主角的陪体。

（三）环境

环境是指主体周围的人物、景物和空间，可分为前景、后景及背景。

前景是指处于画面主体与摄像机之间的一切人物与景物，它处在画面的最前方。前景有时可能是陪体，但在大多数情况下是环境的组成部分。前景虽然是构图的重要成分，但并不是每个镜头都必须有前景。前景的使用要慎重，不要使其成为视觉中心，一般前景面积不宜过大、位置不宜居中，不宜遮挡主体。图 3-3-2 中电影《唐人街探案 2》画面中，汽车内就是前景镜头画面。

后景与前景相对应，是指那些位于主体之后的人物或景物。一般来说，后景多为环境的组成部分，或者构成生活氛围的实物对象。图 3-3-3 中电影《国王的演讲》中人物背后墙壁上的图形便是后景。

图 3-3-2　前景

图 3-3-3　后景

背景是指画面中位于主体背后的景物，属于距离镜头最远端的大环境的组成部分，可以是山峦、大地、天空，也可以是一面墙壁或一扇窗户。图 3-3-4 中人物背后远处的森林就是背景。

图 3-3-4　背景

（四）留白

留白最早起源于中国画，中国画讲求虚实相生，无画处皆成妙境，于是绘画者在画画的时候，总要留些空白的地方，给人留出遐想的空间和联想的余地。在短视频画面中，留白也是一个重要方面。如果没有留白，画面太紧凑，就显得堵塞、压抑，相反，如果留白太多，画面会过于松散，显得凌乱、不紧凑。只有将留白运用得恰到好处，才可以让画面简洁流畅。

二、短视频的构图分析

（一）水平线构图法

水平线构图法以水平线为标准进行构图，是最基本的一种构图方法，主要适用于景物构图。

在表现海平面、草原等广袤辽阔的场景时往往用这种构图法。用水平线构图能够给人一种延伸的感觉，一般情况下适用于横幅画面，场面开阔的风光拍摄，让观众产生辽阔深远的视觉感受。图 3-3-5 是电影《太阳帝国》与《大地惊雷》中的水平线构图画面。

图 3-3-5　水平线构图

（二）垂直线构图法

垂直线构图法以垂直线形式进行构图，主要强调被摄对象的高度和纵向气势，多用于表现深度和挺拔感，给人一种庄严、高耸、雄伟的感觉。该方法主要适用于树木、高楼、人物等拍摄。图 3-3-6 是电影《十面埋伏》与《骇客交锋》中的垂直线构图画面。采用这种构图方法时，拍摄者要注意让画面的结构和布局疏密有度，使画面既有新意又富有节奏。

图 3-3-6　垂直线构图

（三）九宫格构图法

九宫格构图法又叫井字构图法，是一种比较常见的构图方法。该方法是拍摄时利用画面中的上、下、左、右四条黄金分割线将画面进行分割，形成九宫格，如图 3-3-7 左图所示，其中四条线为画面的黄金分割线，四条线所交的点则为画面的黄金分割点。一般在全景画面中，主体所在的位置在黄金分割点处而不是画面正中间。如在拍摄人物的时候，黄金分割点往往是人物眼睛所在的位置。图 3-3-7 右图人物的眼睛就刚好在画面黄金分割点处，整个画面比较协调，人物也比较突出。

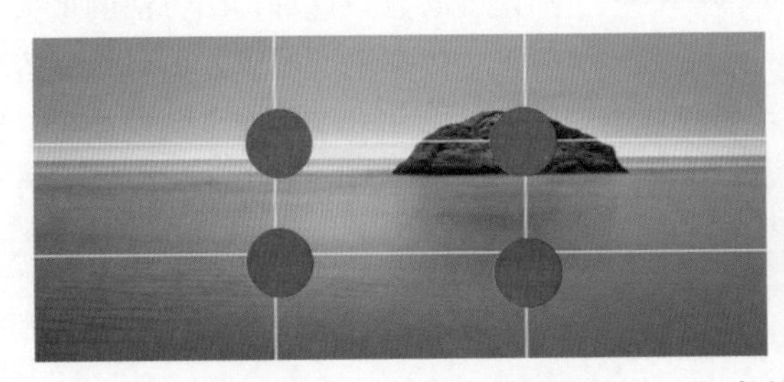

图 3-3-7　九宫格构图

（四）三分构图法

三分构图法就是利用两条黄金分割线，把画面分成三等份进行构图的方法，根据方向不同可分为横向三分法和纵向三分法。该方法下每一份的中心都可以放置主体，适合表现多形态平行焦点的主体。三分法构图按面积划分画面，主体占画面 1/3 或 2/3 的面积。图 3-3-8 所示的电影《大红灯笼高高挂》与短视频《追光者》画面采用的都是三分构图法。

《大红灯笼高高挂》　《追光者》

图 3-3-8　三分构图法

九宫格构图法与三分构图法是既有关联，同时也有区别的两种构图方法。九宫格构图法和三分构图法都是通过分割的方法实现一定拍摄效果，但九宫格构图法注重四个兴趣点和四条黄金分割线在画面中具体位置的黄金分割，寻找的主要是兴趣点。三分构图法注重的是按拍摄对象的主次关系对画面面积进行黄金分割。

（五）对角线构图法

对角线构图法是指将主体沿画面对角线方向排列的一种构图方法，该方法能给人带来很强的动感、方向感或立体感等感觉，给观众以更加饱满的视觉体验。使用此类构图法更多的是用来呈现环境，视频中较少用对角线构图法来表现人物，除非需要表达特定的人物设定。图 3-3-9 所示的电影《阿甘正传》画面采用的就是对角线构图法。在拍摄旅行类的短视频中经常会用到对角线构图法，给观众一种视觉延伸感和运动感。

图 3-3-9　对角线构图法

（六）中心构图法

中心构图法将画面中的主要拍摄对象放到画面中间，再用其他信息去烘托和呼应主体。一般来说画面中间是人们的视觉焦点，看到画面最先看到的一般都是中心点。这种构图方法的最大优点在于主体突出、明确，而且画面容易取得左右平衡的效果。图 3-3-10 所示的是短视频作品《致追那束光的你》中女主角成功后，回到母校时的自信从容画面，该画面就是通过中心构图法来给观众带来视觉冲击。这种构图方法也是短视频拍摄常用构图方法之一。

图 3-3-10　中心构图法

（七）框架式构图法

框架式构图法是将画面的重点利用框架框起来的一种构图方法，该方法会引导观众注意框内景象，产生跨过框框，既进入画面的感受。这种构图方法在短视频中会令观众产生一种窥视的感觉，让画面充满神秘感，从而引起观众的观看兴趣。适用的框架不一定是方形，也可以是其他各种形状。可以在拍摄时利用现场的门框搭建拍摄框架，同时也可以利用树木花草搭建画框，抑或延伸出来。图 3-3-11 所示的电影《大红灯笼高高挂》与《局内人》画面采用的都是框架式构图法。

《大红灯笼高高挂》

《局内人》

图 3-3-11　框架式构图法

（八）对称构图法

对称构图法是按照对称轴或对称中心使画面中的景物形成轴对称或中心对称的一种构图法。该构图法下的画面具有布局平衡、结构规矩等特点，能给观众带来稳定、安逸、平衡的感觉。在拍摄建筑物等内容短视频时，经常用到对称构图法。图 3-3-12 所示的电影《大红灯笼高高挂》与《松林外》画面采用的都是对称构图法。

《大红灯笼高高挂》

《松林外》

图 3-3-12　对称构图法

（九）引导线构图法

引导线构图法是利用线条来引导观众的目光，使其汇聚到画面的主要表达对象上的一种构图方法。在拍摄短视频时，前期取景时要寻找一些天然的线条，比如一条小路、一条小河、一座桥等，通过这些线条引导观众的视线指向画面中的主体。在很多场景中，都可以运用引导线构图法，利用场景线条引导观众的视线，将画面的主体和背景元素串联起来，从而产生视觉焦点，突出主体，烘托主题，使画面更有空间感和纵深感，让人有身临其境的感觉，同时给画面添加美感，远近处的景物相呼应，使画面整体饱满起来。图 3-3-13 所示的电影《愤怒的公牛》与《电视台风云》的画面采用的都是引导线构图法。

《愤怒的公牛》　《电视台风云》

图 3-3-13　引导线构图法

图 3-3-14　S 形构图法

（十）S 形构图法

S 形构图法，又称为曲线构图法，是指被摄主体以 S 形从前景向中景和后景延伸的一种构图方法。该方法使画面形成纵深方向空间关系的视觉感，可以让画面充满灵动的感觉，能够表现出一种曲线条的柔美。图 3-3-14 所示的电影《赎罪》画面采用的 S 形构图法。

（十一）三角形构图法

三角形构图法是指利用画面中的若干景物，按照三角形的结构进行构图的一种方法。该方法拍摄的画面具有安定、均衡但不失灵动的特点。三角形构图可分为正三角形构图、倒三角形构图、不规则三角形构图及多个三角形构图。图 3-3-15 所示的电影《后翼弃兵》与《爱乐之城》画面中三个人物的位置都构成了一个三角形。

《后翼弃兵》

《爱乐之城》

图 3-3-15　三角形构图法

（十二）封闭式构图法

封闭式构图法是指利用虚拟框架，将被摄对象完整控制在画面中，并利用空间角度、色彩及光线对框架内的画面进行重新排序的一种构图方法。该方法拍摄的画面不需要再借助画框外的空间进行叙事，其叙事所需的元素都包含在画框之中，画面特点是完整、均衡、协调、统一。该方法适合写实叙事作品。图 3-3-16 所示的短视频作品《致追那束光的你》中的一个画面采用了封闭式构图法。

（十三）开放式构图法

开放式构图与封闭式构图正好相反，其画面并非展现一个相对完整的内容，没有包含所有的叙事信息，需要借助画外空间来完成，该方法注重与画外空间的联系。开放式构图在安排画面上的形象元素时，侧重于其对画面外部的冲击力，强调画面内外的联系。画面中人物的视线和行为落点常常在画面之外，暗示与画面外的某些事物有着呼应和联系。图 3-3-17 所示的电影《魔戒 1》中的画面，主角带着惊恐的眼神望向的方向到底有什么呢？给人以想象，下一个镜头可能就是其所看到的内容，这个画面就采用了开放式构图法。

图 3-3-16 封闭式构图法

图 3-3-17 开放式构图法

（十四）紧凑式构图法

紧凑式构图法是指将被摄物体以特写的形式加以放大，使其以局部布满画面的一种构图方法。该方法拍摄的画面具有紧凑、细腻、微观等特点。在以拍摄运动员为主题的短视频中，利用紧凑式构图法对运动员奋斗后激动的泪水进行特写，对于展现情绪有着非常好的效果，能够让观众产生共鸣。在拍摄介绍橙子的短视频中，利用紧凑式构图对橙子的细节进行特写，展现橙子的美味多汁，让人垂涎欲滴，从而刺激消费者的购买欲望，如图 3-3-18 所示。

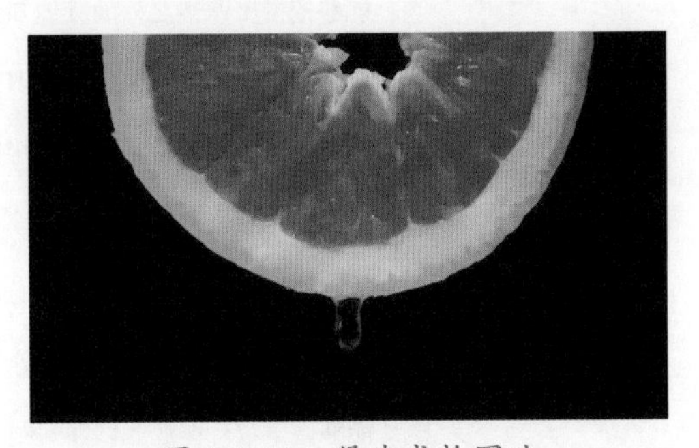

图 3-3-18 紧凑式构图法

总的来说，短视频的构图规则与摄影摄像构图规则一致，但短视频因为其播放设备屏幕较小，视频内容节奏较快，所以在进行画面构图时，应该尽可能保证画面主体的清楚展示，这是短视频构图最基本的准则。

学以致用

请选择一部优质短视频作品，分析各个画面所采用的构图方法。

任务自测

在线测试

任务评价

评价项目	评价内容	自我评价等级				
		优	良	中	较差	差
知识评价	能够掌握短视频画面的结构成分					
	能够掌握不同构图的短视频画面分析					
技能评价	具有拍摄短视频不同构图画面的能力					
	具有知识迁移的能力					
创新素质评价	能够清晰有序地梳理与实现任务					
	能够挖掘出课本之外的其他知识与技能					
	能够利用其他方法来分析与解决问题					
	能够挖掘摄像艺术创作的独特性					
	能够进行数据分析与总结					
	能够拍摄具有美感与正能量的短视频作品					
	能够正确看待摄像师职业素养问题					
	能够诚信对待作业原创性问题					
课后建议及反思						

任务拓展

文本资料：拍摄角度

微课视频：拍摄角度

项目小结

本项目通过 3 个任务，让同学们掌握摄像用光的知识、掌握不同镜头的使用、掌握画面构图的方法，具备摄像用光的能力、具备使用不同构图进行短视频拍摄的能力，培养学生发现美、创造美的意识。

项目四

短视频剪辑

教学目标

知识目标：

- 掌握蒙太奇的概念与分类；
- 掌握短视频镜头的组接规律和技巧；
- 掌握 Premiere 软件中剪辑与分离素材的方法；
- 掌握 Premiere 软件中视频转场的应用；
- 掌握 Premiere 软件中视频效果的应用；
- 掌握 Premiere 软件中颜色校正与合成的方法；
- 掌握 Premiere 软件中添加与设置音频的方法；
- 掌握 Premiere 软件中各种字幕的风格与设计方法。

技能目标：

- 具备短视频基本剪辑的能力；
- 具备应用不同视频转场的能力；
- 具备设置不同视频效果的能力；
- 具备视频颜色校正与合成的能力；
- 具备对视频进行音频处理的能力；
- 具备制作各种字幕的能力。

创新素质目标：

- 培养学生清晰有序的逻辑思维；
- 培养学生剪辑创作与分析的意识；
- 培养学生系统分析与解决问题的能力；
- 培养学生精益求精的工匠精神；
- 培养学生具有短视频剪辑师的职业素养。

思维导图

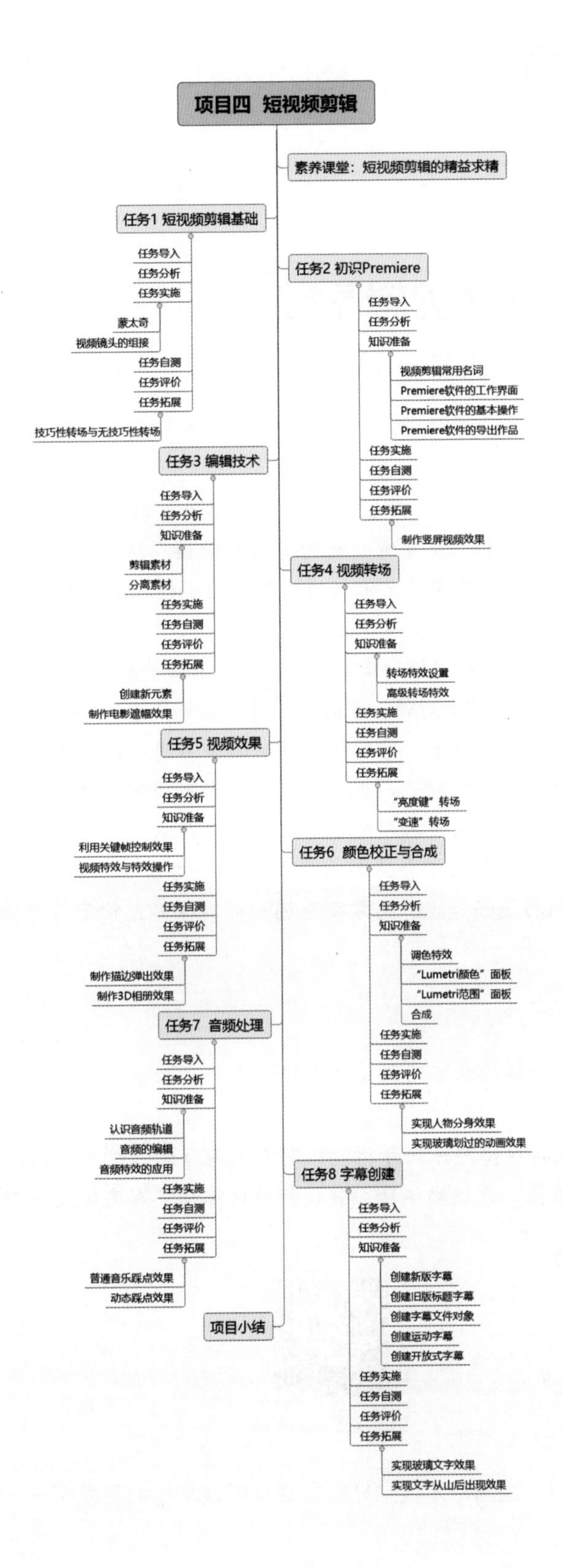
项目四 短视频剪辑
素养课堂：短视频剪辑的精益求精
任务1 短视频剪辑基础
任务导入
任务分析
任务实施
蒙太奇
视频镜头的组接
任务自测
任务评价
任务拓展
技巧性转场与无技巧性转场
任务2 初识Premiere
任务导入
任务分析
知识准备
视频剪辑常用名词
Premiere软件的工作界面
Premiere软件的基本操作
Premiere软件的导出作品
任务实施
任务自测
任务评价
任务拓展
制作竖屏视频效果
任务3 编辑技术
任务导入
任务分析
知识准备
剪辑素材
分离素材
任务实施
任务自测
任务评价
任务拓展
创建新元素
制作电影遮幅效果
任务4 视频转场
任务导入
任务分析
知识准备
转场特效设置
高级转场特效
任务实施
任务自测
任务评价
任务拓展
"亮度键"转场
"变速"转场
任务5 视频效果
任务导入
任务分析
知识准备
利用关键帧控制效果
视频特效与特效操作
任务实施
任务自测
任务评价
任务拓展
制作描边弹出效果
制作3D相册效果
任务6 颜色校正与合成
任务导入
任务分析
知识准备
调色特效
"Lumetri颜色"面板
"Lumetri范围"面板
合成
任务实施
任务自测
任务评价
任务拓展
实现人物分身效果
实现玻璃划过的动画效果
任务7 音频处理
任务导入
任务分析
知识准备
认识音频轨道
音频的编辑
音频特效的应用
任务实施
任务自测
任务评价
任务拓展
普通音乐踩点效果
动态踩点效果
任务8 字幕创建
任务导入
任务分析
知识准备
创建新版字幕
创建旧版标题字幕
创建字幕文件对象
创建运动字幕
创建开放式字幕
任务实施
任务自测
任务评价
任务拓展
实现玻璃文字效果
实现文字从山后出现效果
项目小结

素养课堂 短视频剪辑的精益求精

短视频剪辑的精益求精

任务1 短视频剪辑基础

任务导入

“湘果工作室”团队逐渐掌握了短视频拍摄的知识与技能，以分镜头脚本为指导，拍摄了大量的视频素材，下一步准备对这些素材进行剪辑与组接，这个过程就称之为视频剪辑。视频剪辑不仅是加字幕、配音乐，重要的是保证镜头转换的流畅，使整部影片一气呵成，有感染力，直击观众内心。

团队成员跃跃欲试，想对所拍摄的素材进行选择、取舍和组接，最终编成一个能够传达创作者意图的短视频作品。关于短视频剪辑，他们又遇到了不少问题，让我们一起来帮助他们解决吧！

问题1：在短视频剪辑过程中，剪辑师需要对两个不同的镜头或片段进行组合，蒙太奇是电影中关于镜头组合的一个重要理论，也可以说是一种剪辑的手法。那蒙太奇的形成和发展历程是怎样的呢？著名的库里肖夫实验指的是什么实验呢？蒙太奇又有哪些不同的表现形式呢？

问题2：将一个个镜头画面组合连接起来，成为一个整体，这就是镜头组接，也叫画面转场，要想做到镜头组接流畅合理，又需要遵循哪些规律呢？常见的组接方法有哪些呢？

任务分析

（1）蒙太奇分析：能够按照不同蒙太奇表现方式，在影视作品中找出典型的蒙太奇方式，并对其进行分析。

（2）视频镜头的组接规律与方法分析：只有做到符合影片统一协调规律、镜头调度的轴线规律，避免三同镜头组接，遵循动接动、静接静的规律及景别变化循序渐进的规律，才能做到镜头组接的流畅合理。

任务实施

微课视频：蒙太奇

一、蒙太奇

1895年12月28日，法国卢米埃尔兄弟向观众展现了他们新发明——电影和电影放映机，用胶片把生活原原本本地再现给观众。19 世纪末 20 世纪初，法国梅里爱提出“银幕即舞台”，使电影制作模仿舞台表现，在电影《月球旅行记》中把地球真实的场景和月球想象的场景连接在一起，讲述了一个复杂的故事，开始有了镜头的连接。20 世纪初，美国埃德温·鲍特从电影《一个美国消防队员的生活》与《火车大劫案》中开始形成剪辑的思维，奠定了剪辑的理论基础。1923 年，爱森斯坦率先将蒙太奇作为一种特殊手法引申到戏剧中，后被延伸到电影艺术中，开创了电影蒙太奇理论。20 世纪 30 年初，中国电影人从英文电影理论中认识到了蒙太奇理论，保留音译，成了一个新名词。

（一）库里肖夫实验

1922 年，列宁提出，“在所有的艺术中，电影对于我们是最重要的”，这成为苏联电影的行动纲领，它激励着青年电影艺术家们去进行大胆的创作。这一阶段最为突出的创造性工作是库里肖夫做出来的，他通过实验揭示了画面剪辑和意义叙事的关系，也就是著名库里肖夫实验，并由此提出了库里肖夫效应，解释了蒙太奇这一术语的含义。

在库里肖夫的实验中，他为苏联著名演员莫兹尤辛拍摄了一组静止的、没有任何表情的特写镜头，然后把这些完全相同的特写与其他影片的小片段连接成三种组合：第一个组合是莫兹尤辛的特写镜头后面紧接着一张桌子上摆了一盘汤的镜头；第二个组合是莫兹尤辛的特写镜头后面紧接着一个躺在棺材里的女尸镜头；第三个组合是莫兹尤辛的特写镜头后面紧接着一个小女孩在玩一个滑稽的玩具狗熊的镜头。当库里肖夫把这三种不同的组合放映给一些不知道其中秘密的观众看的时候，效果是非常惊人的。观众对艺术家的表演大为赞赏。他们指出：莫兹尤辛看着那盘汤时，陷入了沉思；莫兹尤辛看着女尸时，表情又是如此悲伤；而在观察女孩玩耍时，莫兹尤辛更是将轻松、愉快的表情表现得十分自然。然而，事实上，拍摄时的莫兹尤辛始终毫无表情。

通过实验，库里肖夫由此看到了蒙太奇构成的可能性、合理性和心理基础，并创立了电影模特儿等理论。他得出的结论是，造成电影情绪反应的并不是单个镜头的内容，而是几个画面之间的并列关系，单个镜头只是素材，只有蒙太奇的创作才是电影。他认为影片的结构基础不是来自现实素材，而是来自空间结构和蒙太奇。

（二）蒙太奇的定义

蒙太奇（Montage）在法语是剪接的意思，但到了俄国，它被发展成一种电影中镜头组合的理论，有狭义与广义之分。

狭义的蒙太奇是指影视作品的组接技巧，即将前期采集的视频和声音素材，根据主题要求按照一定的顺序组合在一起，形成一部完整的视频作品。

广义的蒙太奇则认为，蒙太奇是影视独特的形象思维方式，它指导着导演、摄像及剪辑人员对形象体系的建立；蒙太奇是影视作品特有的结构方法，包括叙述方式、时空结构、场景、段落的布局；蒙太奇是画面与画面之间、声音与声音之间及声音与画面之间的组合关系，以及由这些关系产生的意义；蒙太奇包括镜头的运用、镜头的分切组接及场面段落的组接和切换等。

（三）蒙太奇的表现形式

蒙太奇的表现形式从叙事和表现两个角度来划分，可分为三种基本的类型，分别为叙事蒙太奇、表现蒙太奇、理性蒙太奇。第一种是叙事手段，后两种主要用以表意。在此基础上还可以进行第二级划分，叙事蒙太奇分为平行蒙太奇、交叉蒙太奇、连续蒙太奇与重复蒙太奇；表现蒙太奇分为对比蒙太奇、隐喻蒙太奇、心理蒙太奇、抒情蒙太奇；理性蒙太奇分为杂耍蒙太奇、反射蒙太奇与思想蒙太奇等。本任务主要对叙事蒙太奇与表现蒙太奇这两大类进行分析。

1. 叙事蒙太奇

叙事蒙太奇是影视作品中最常用的叙事手法，它以交代情节、展示事件为主旨，按照情节发展的时间流程、因果关系来分切组合镜头、场面和段落，引导观众理解剧情。这种蒙太奇组接的作品脉络清楚，逻辑连贯，明白易懂。

（1）平行蒙太奇

平行蒙太奇是在故事情节发展过程中，把不同时空或同时异地发生的两条或两条以上的情节线索并列展现，分头叙述，最终统一到一个完整的结构中。平行蒙太奇可以通过几条线索的平行展现，相互烘托，形成彼此呼应的艺术效果，或者通过几条线索平行展现，相互烘托，形成对比效果。该种蒙太奇有较强的叙事和表现能力，通过时空灵活转换使影片结构呈现多样化。比如在武侠影片中，几派武林高手在相同的时间不同的地点打斗的场面交替出现，这种平行推进的画面安排就是平行蒙太奇，可以增加紧张气氛。又如在电影《疯狂的石头》中，在同一个时间段，不同身份的人物角色镜头交替出现，没有多余的过程，让观众通过平行线索，迅速了解了剧情，如图 4-1-1 所示。

图 4-1-1　电影《疯狂的石头》：平行蒙太奇

（2）交叉蒙太奇

交叉蒙太奇又称交替蒙太奇，是由平行蒙太奇发展而来的，将同一时间不同地点发生的两条或数条情节线迅速而频繁地交替剪接在一起，其中一条线索的发展往往影响另外的线索，每条线索相互依存，最终汇合在一起。这种剪辑技巧极易引起悬念，营造出紧张激烈的气氛，加强矛盾冲突的尖锐性，是掌控观众情绪的有力手法，惊险片、悬疑片、恐怖片和战争片多用此方法来营造惊险的场面。比如图 4-1-2 所示电影《花样年华》中的 A 场景为周慕云搬家、B 场景为苏丽珍搬家、C 场景为周慕云给苏丽珍还书，将周慕云搬家与苏丽珍搬家两个场景交叉剪辑，并汇集到周慕云给苏丽珍还书场景，就是应用的交叉蒙太奇。

A 场景：周慕云搬家

B 场景：苏丽珍搬家

C 场景：周慕云给苏丽珍还书

图 4-1-2　电影《花样年华》：交叉蒙太奇

（3）连续蒙太奇

连续蒙太奇是指沿着一条单一的情节线索，按照事件的逻辑顺序，有节奏地连续叙事。这种叙事自然流畅、朴实平顺，但由于缺乏时空的变换，无法直接展示同时发生的情节，难以突出各条情节线之间的并列关系，不利于概括，易给人拖沓冗长、平铺直叙之感。因此，在一部影片中很少单独使用连续蒙太奇，而多将其与平行、交叉蒙太奇混合使用。图 4-1-3 所示电影《花样年华》中苏丽珍下楼买夜宵的过程就是采用的连续蒙太奇。整个过程是下楼梯——等面——面好了——取面——转身走——上楼梯。

图 4-1-3　电影《花样年华》：连续蒙太奇

（4）重复蒙太奇

重复蒙太奇是将具有一定寓意的镜头在关键时刻反复显现，以达到刻画人物、深化主题的目的。比如电影《花样年华》中苏丽珍上下楼梯的镜头，先后重复出现了多次，表现人物内心的犹豫与挣扎。又如《魂断蓝桥》影片中的吉祥符，如图 4-1-4 所示，先后六次重复出现。吉祥符既是女主人公玛拉与男主人公罗依的爱情信物，又是玛拉命运的见证。吉祥符本应保佑福祉，但它并没能改变战争对男女主人公爱情和命运的摧残，从而深化了影片的主题。

图 4-1-4　电影《魂断蓝桥》的吉祥符

2. 表现蒙太奇

表现蒙太奇是以相连的或相叠的镜头、场面、段落在形式上或内容上的相互对照冲击，产生一种单个镜头所表达不出的丰富含义，以表现某种感情、情绪、心理或思想，给观众带来心理上的冲击，激发观众的联想和思考。表现蒙太奇的目的不是叙事，而是传达出一种情感和寓意。

（1）对比蒙太奇

对比蒙太奇类似文学中的对比描写，即通过镜头或场面之间在内容或形式上的强烈对比，产生相互强调、互相冲突的作用，以表达创作者的某种寓意或强化所表现的内容、情绪和思想。常见的有贫与富、苦与乐、生与死、高尚与卑下、胜利与失败等性质上的对比，也可以是景别的大小、角度的俯仰、光线的明暗、色彩的冷暖和浓淡、声音的强弱、动与静等形式上的对比。

电影《长津湖》中应用了很多对比蒙太奇，如旧社会与新社会的对比、战争与和平的对比、亲情与友情的对比、武器与人性的对比、战初与战后的对比等，还有最令人难忘的是美国士兵感恩节吃着火锅烧烤，住在暖和的军营里，而同时志愿军战士只能在零下40度的严寒中，仅靠能硌掉牙的土豆充饥，如图4-1-5所示。通过这些对比蒙太奇，让观众了解到志愿军战士们的作战环境是多么艰苦，突出他们的意志是多么的坚不可摧。

美国士兵的食物　　志愿军战士们的食物

图4-1-5　电影《长津湖》：对比蒙太奇

（2）隐喻蒙太奇

隐喻蒙太奇是通过将镜头或场面并列进行类比，含蓄而形象地表达创作者的某种寓意。这种手法往往将不同事物之间某种相似的特征凸显出来，引发观众的联想，令其领会导演的寓意和领略事件的情绪色彩。图4-1-6所示为普多夫金在1926年拍摄的电影《母亲》的画面，将工人示威游行的镜头与春天冰河解冻的镜头组接在一起，用以比喻革命运动的势不可挡。

（3）心理蒙太奇

心理蒙太奇是指通过镜头组接或声画的有机结合，直接深入人物内心世界，把人物内心活动形象、具体、生动逼真地呈现给观众的一种蒙太奇表现手法。如电影《少年的你》中女主角出现时如梦境般的感觉，就是通过心理蒙太奇实现的。心理蒙太奇常用来表现人物闪念、回忆、梦境、幻觉、遐想、神思、潜意识及其他主观感觉。

（4）抒情蒙太奇

抒情蒙太奇是一种在保证叙事和描写的连贯性的同时，表现超越剧情之上的思想和情感。抒情蒙太奇往往在一段叙事场面之后，恰当地切入象征情绪情感的空镜头。苏联影片《乡村女教师》中，女主人公瓦尔瓦拉和男主人公马尔蒂诺夫相爱了，男主人公试探地问女主人公是否会永远等他。女主人公回答道：“永远！”紧接着画面中切入两个盛开的花枝的镜头。

这个镜头本与剧情无直接关系，却恰当地抒发了导演希望传递的人物情感。

工人示威游行

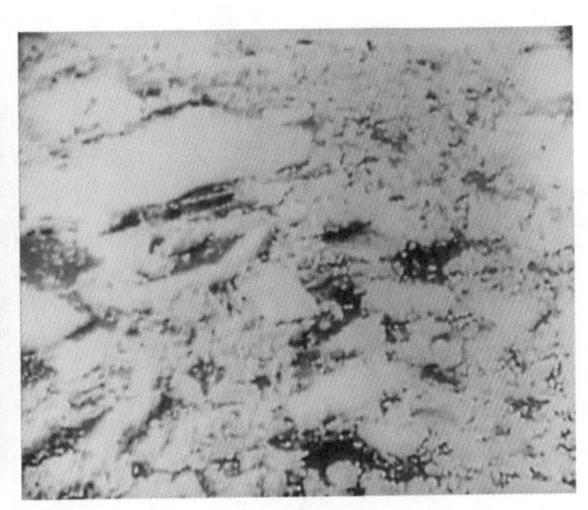

春天冰河解冻

图 4-1-6 电影《母亲》：隐喻蒙太奇

学以致用

请同学们按照不同蒙太奇表现形式，在影视作品中找出典型的蒙太奇方式，并对其进行分析，将结果填入表 4-1-1 中。

表 4-1-1 蒙太奇方式分析

蒙太奇方式	影视作品名称	画面位置	画面截图	设计意图
平行蒙太奇				
交叉蒙太奇				
连续蒙太奇				
重复蒙太奇				
对比蒙太奇				
隐喻蒙太奇				
心理蒙太奇				
抒情蒙太奇				

二、视频镜头的组接

微课视频：视频镜头的组接规律与方法

将一个个单独的镜头画面组合连接起来，使其成为一个整体，这就是镜头的组接。要想做到镜头组接流畅合理，则应该遵循以下几条规律。

（一）影片统一协调规律

各镜头之间的连接要符合逻辑规律，不能胡乱组合，使人不知所云或无法理解。各镜头内的画面亮度和色彩影调应统一协调，画面的逻辑关系、清晰度、情节内容等也应保持一致，否则会产生接不上的现象。

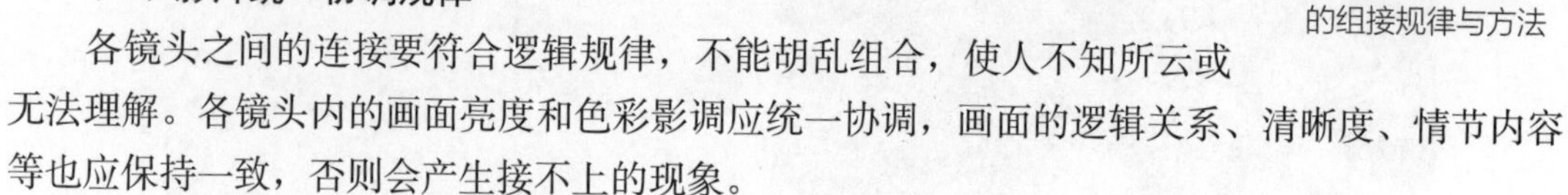

（二）遵循镜头调度的轴线规律

1. 轴线

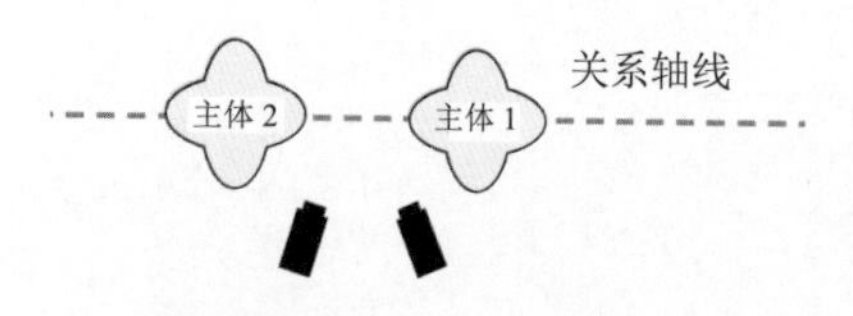

图 4-1-7　关系轴线

轴线是指在场面调度的过程中，摄像机与被摄对象的视线方向、运动方向和不同对象之间的关系所形成的一条无形的动作线，是一条假想的线、虚拟的线。图 4-1-7 中的虚线就是一条轴线，其中主体 2 在左，主体 1 在右，主体 1 与主体 2 连接起来就构成一条虚拟的轴线。

轴线分为方向轴线、运动轴线和关系轴线三种类型，如图 4-1-8 所示。方向轴线是被摄对象的视线方向、脸的朝向形成的轴线。运动轴线是被摄对象运动方向或运动轨迹形成的轴线，根据运动方向和运动轨迹的不同，这种轴线可能是直线，也可能是曲线。关系轴线是由人与人或人与物进行交流的位置关系形成的轴线。

方向轴线

运动轴线

关系轴线

图 4-1-8　轴线

2. 轴线规律

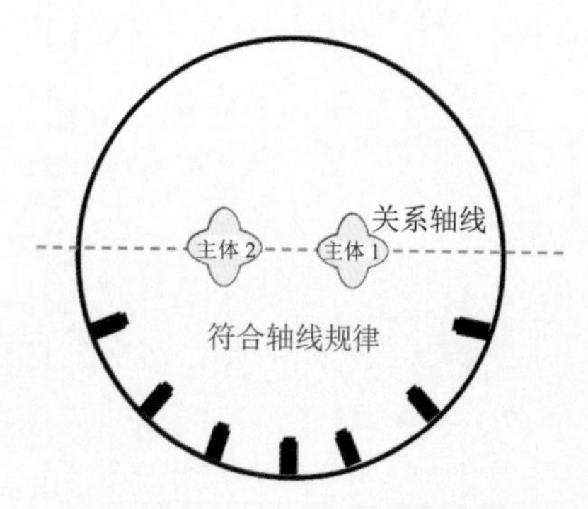

图 4-1-9　轴线规律

在拍摄过程中，为了保证场景空间的统一感及被摄对象在场景中的位置关系和运动方向的一致性，摄像机必须被安置在轴线的一侧 180 度之内进行拍摄，这就是摄像师处理镜头调度必须遵循的轴线规律，如图 4-1-9 所示。

摄像机的机位和拍摄角度的变化只在轴线的一侧 180° 之内拍摄的镜头称为同轴镜头。比如两人对话镜头的剪辑组合，画面上左边的人在下一个镜头里，还是应该出现在左边；同时，画面右边的人在下一个镜头里，也应该出现在右边。

图 4-1-10 所示电影《花样年华》中男女主角对话的场景，全景显示女在左、男在右，当特写时，女主角出现在镜头左边，男主角依旧出现在镜头右边，这就属于同轴镜头。

图 4-1-10　电影《花样年华》中的同轴镜头

3. 越轴及越轴常见处理方法

越轴是指拍摄时镜头越过轴线一侧，到轴线另一侧拍摄，也称离轴或跳轴。越轴会造成被摄对象位置、视向及空间关系的混乱和错位，产生表达上的歧义，令人产生误解，如图 4-1-11 所示中 2 号机位所拍出来的镜头就是离轴镜头。

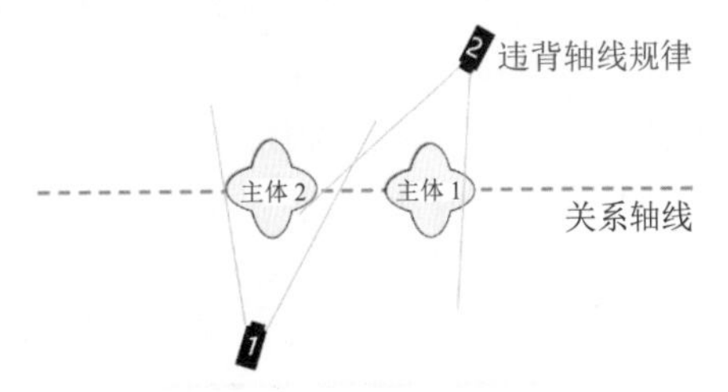

图 4-1-11　2 号机位越轴

一般而言，我们应该在拍摄时注意轴线规律，尽量避免越轴。如果拍摄中不小心产生了越轴，那么就要在后期编辑中想办法去弥补，可以借助于某些合理因素或其他画面作为过渡，从而使其起到一种桥梁作用。所以可以采用合理越轴拍摄，既避免了跳轴现象，又能使画面语言具有多样性和丰富性的特点。常见的越轴处理方法有如下几种。

（1）利用运动镜头越轴

越轴镜头不能直接组接，但可以在二者之间插入一个摄像机在越轴过程中拍摄的运动镜头，使观众了解轴线变化的过程，从而会消除越轴现象。图 4-1-12 中的摄像机从起点运动至终点，跨过了原来的轴线，拍摄了一个完整的镜头，观众通过画面变化目睹了摄像机的运动历程，因此也就清楚地了解这种由镜头调度而引起的画面对象的方位关系的变化，从而消除了越轴现象。

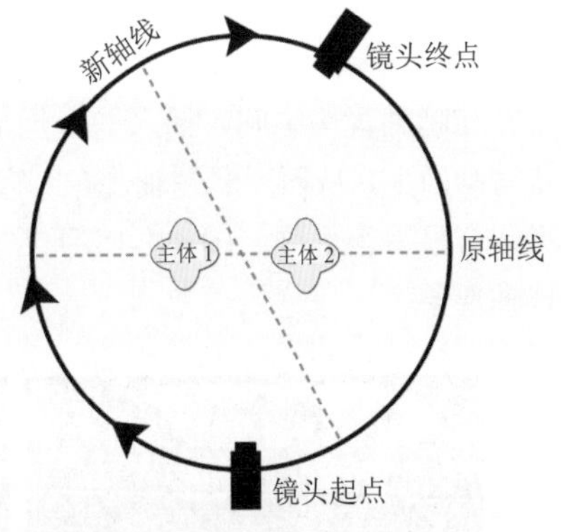

图 4-1-12　利用运动镜头越轴

（2）利用被摄对象的运动变化改变原有轴线

若前后两个镜头的运动方向相反，可以改变被摄对象的运动变化，从而改变轴线方向。比如图 4-1-13 中，镜头 1 中被摄对象从左至右运动，镜头 2 中被摄对象从右至左运动，如果将镜头 1 与镜头 2 直接组接在一起，观众对主体的运动方向就会产生迷惑。此时，可以拍一个汽车在马路转弯处转弯过程的镜头（镜头 3），在剪辑时，将镜头 3 插入到镜头 1 与镜头 2 之间，就合理地处理了越轴。

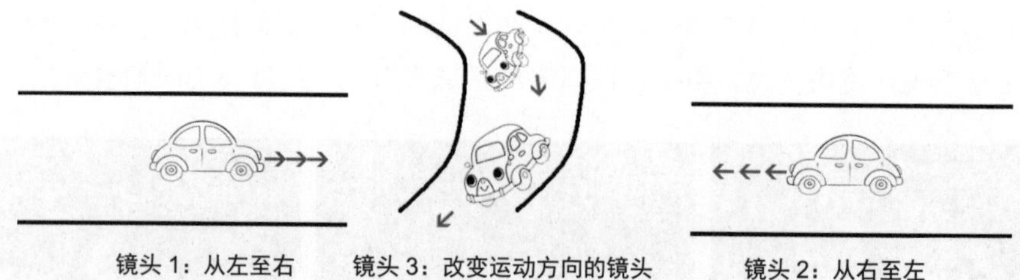

图 4-1-13　利用被拍摄对象的运动变化改变轴线方向

（3）利用骑轴镜头越轴

骑轴镜头也称中性镜头，是摄像机在轴线上进行正面或背面拍摄的镜头，没有明确的方向性，可用以缓和越轴给观众造成的视觉上的跳跃。图 4-1-14 中两个不同方向行驶汽车的镜头，不能直接拼接，可以在镜头 1 与镜头 2 中间加一个汽车迎面驶来的正面镜头（骑轴镜头），以此镜头为过渡，缓和越轴后的画面跳跃感，给观众一定的时间来认识画面形象位置关系等的变化，如图 4-1-14 所示。

图 4-1-14　利用骑轴镜头越轴

（4）插入特写镜头

在越轴镜头中间，插入一个局部特写或人物情绪反应的特写镜头，可将观众的视线集中在特写画面上，从而减弱越轴现象。需要注意的是，插入的特写镜头要与前后镜头有一定的联系，否则会显得很生硬。图 4-1-15 所示电影《X 战警：第一战》的画面片段，通过特写镜头消除了越轴现象。

图 4-1-15　利用特写镜头越轴

（5）利用多轴线越轴

当被摄对象有两条以上轴线时，镜头可以越过一轴线而从另一轴线获取新的角度，从而实现画面空间的统一。在某些特定的场景中，如果同时存在关系轴线和方向轴线，我们通常选择关系轴线越过方向轴线去进行镜头调度，如图 4-1-16 所示。

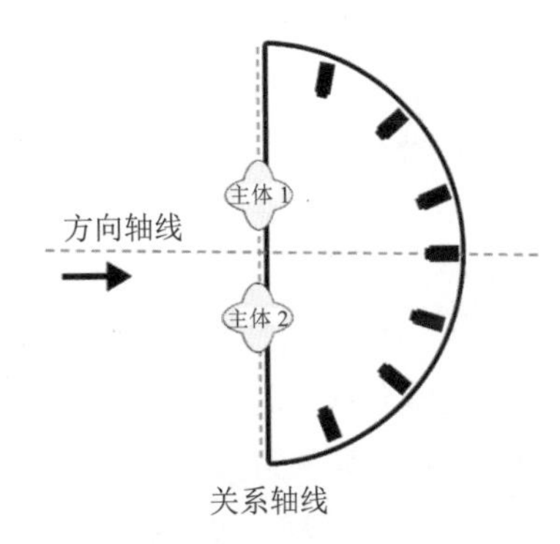

图 4-1-16 双轴线越轴方法

（三）避免三同镜头组接

三同镜头即同主体、同景别且同视角（同机位）的镜头。在镜头组接的时候，如果遇到同一机位，同景别又是同一主体的画面是不能直接组接的。因为这些镜头景别变化小，一幅幅画面看起来雷同，接在一起好像同一镜头不停地重复，会出现一种画面的跳帧效果。

当同一主体的两个镜头组接时，两个镜头景别要有明显变化，同机位、同景别的镜头不能相接。如图 4-1-17 所示的短视频作品《追光者》中的同一主体不同景别的两个画面，画面 1 中景显示被摄人物，画面 2 近景显示被摄人物。

画面 1　　画面 2

图 4-1-17 同一主体不同景别

当将同一主体的两个镜头进行组接时，如果景别相差不大，就要可以改变摄像机的机位。如图 4-1-18 所示的画面中，画面 1 机位在被摄对象的右后侧，画面 2 就调整摄像机的机位至被摄对象的左前侧。

画面 1　　画面 2

图 4-1-18 同一主体相似景别改变机位

对不同主体的镜头进行组接时，同景别或不同景别镜头都可以相接，相近景别镜头组接流畅自然，如图 4-1-19 所示。相对来说，景别相差较大的镜头组接会令人感觉很突然。

图 4-1-19 不同主体相近景别

（四）遵循动静协调的规律

一般来说，镜头的组接要遵循动静协调的规律，即动接动、静接静、动静相接要过渡。

1. 动接动

动接动是指视觉上有明显动感的镜头要与有同样明显动感的镜头相连。动接动又分如下两种情况。

第一种情况：当一组被摄对象不同，运动形式相同的镜头相连时，应视情形决定镜头衔接处的起幅和落幅的取舍。其中被摄对象不同是指若干个镜头所拍摄的内容不同，运动形式相同是指采用相同的镜头运动方式。

当被摄对象不同，运动形式相同、运动方向一致的镜头相连时，应直接去掉镜头衔接处的起幅和落幅。比如在介绍优美的校园环境时，一次次地用拉镜头展示不同位置的环境效果，使观众从局部看到整体。

当被摄对象不同，运动形式相同，但运动方向不同的镜头相连时，一般应保留衔接处的起幅和落幅。比如镜头 1 为游行方队（右摇镜头），镜头 2 为游人观看（左摇镜头），这两个镜头都是摇镜头，在组接时，这两个镜头衔接处的起幅和落幅都要做短暂停留，让观众有一个适应的过程。如果把衔接处的起幅和落幅去掉，那么观众的视线随着镜头晃来晃去，会感到不太舒服。特别值得注意的是，如果主体没有变化，左摇右摇的镜头是不能组接在一起的。

第二种情况：当一组被摄对象不同、运动形式（推、拉、摇、移、跟）不同，运动方向相同的镜头相连时，应去掉镜头衔接处的起幅与落幅。其中被摄对象不同是指若干个镜头所拍摄的内容不同，运动形式不同是指推、拉、摇、移、跟等不同的镜头运动方式。

比如介绍公园景物的一组镜头为：（摇镜头）一片青山、绿水；（推镜头）平静的水面及矗立于水中的亭台楼阁；（摇镜头）亭台水榭和曲径回廊；（拉镜头）雅致的园林建筑及其里面的一片山水风光。

以上四个运动镜头运动方向相同，在镜头组接时，要求在运动中切换，则只保留第一个摇镜头的起幅和最后一个镜头的落幅，四个镜头衔接处的起幅和落幅都要去掉。

2. 静接静

静接静是指视觉上没有明显动感的镜头应和同样没有明显动感的其他镜头相连。静接静组接时，前一个镜头结尾停止的片刻叫落幅，后一个镜头运动前静止的片刻叫起幅，起幅与落幅时间间隔大约为 1~2 秒。表现静止景物的运动镜头，应该在起幅与落幅处稍作停顿，才能与其他静镜头实现流畅的组接，否则很容易出现画面抖动，或者让观众觉得变化得非常突兀。

运动镜头与固定镜头的组接同样需要遵循静接静这个规律。如果一个固定镜头要接一个摇镜头，则摇镜头开始要有起幅；相反一个摇镜头接一个固定镜头，那么摇镜头要有落幅，否则画面就会给人一种跳动的视觉感。比如第 1 个镜头为摇摄全景图书馆中学生们在自习，第 2 个镜头为固定镜头近景拍摄某学生专心致志地看书，将这两个镜头进行组接时，要保留第 1 个镜头的落幅。

有时候因为场景的限制，不得不将被摄对象不同、运动形式相同、运动方向相反的运动镜头进行组接，如左摇接右摇、左移接右移、推接拉等，一般保留上下镜头衔接处的起幅与落幅，遵循静接静规律即可。

3. 动静相接要过渡

无论是动接动，还是静接静，有两个基本提前，一是速度相近的画面镜头组接时，保持被摄对象的运动强度基本一致；二是同趋向的画面镜头组接时，保持被摄对象的运势基本一致。

（五）遵循景别变化循序渐进的规律

组接镜头的时候，要遵循景别变化循序渐进的规律。一群学生正在用摄像机拍摄农产品，图 4-1-20 中有两种组接方案，你们觉得哪一种方案组接的镜头更自然流畅呢？

第一种方案：
镜头 1：实验室全景，30 名学生分成 6 组，都在摄影台前。
镜头 2：特写，摄像机寻像器显示农产品效果。
第二种方案：
镜头 1：实验室全景，30 名学生分成 6 组，都在摄影台前。
镜头 2：中景，一个学生正在调试摄像机。
镜头 3：近景，旋转摄像机焦距。
镜头 4：特写，摄像机寻像器显示农产品效果。

图 4-1-20　组接方案

第 1 种方案将镜头 1 与镜头 2 组接，两个镜头直接由全景转到特写，跳动性太大，观众没有办法弄清楚这两个画面的内在联系。第 2 种方案按照全景、中景、近景、特写前进式的顺序组接镜头，景别的变化符合观众视觉心理规律。

景别变化循序渐进的规律要求在组接镜头时，景别跳跃不能太大，否则就会让观众产生跳跃太大、不知所云的感觉。

学以致用

请同学们从以下两题中，选择一题来完成任务。

第一题：以小组为单位，拍摄遵循“轴线规律”视频的教学讲解视频，要求对 3 种轴线形式分别进行讲解，配上相应的解说词，时间不少于 5 分钟。

第二题：以小组为单位，选择一个主题，拍摄“处理越轴方法”的教学讲解视频，要求对 5 种处理越轴的方法分别进行讲解，配上相应的解说词，时间不少于 5 分钟。

任务自测

在线测试

任务评价

评价项目	评价内容	自我评价等级				
		优	良	中	较差	差
知识评价	能够掌握蒙太奇的表现方法					
	能够掌握短视频镜头的组接规律与方法					
技能评价	具有独立分析蒙太奇表现方法的能力					
	具有知识迁移的能力					
创新素质评价	能够清晰有序地梳理与实现任务					
	能够挖掘出课本之外的其他知识与技能					
	能够利用其他方法来分析与解决问题					
	能够进行数据分析与总结					
	访问符合国家法律法规的短视频平台					
	能够养成精益求精的剪辑态度					
	能够诚信对待作业原创性问题					
课后建议及反思						

任务拓展

文本资料：技巧性转场与无技巧性转场

微课视频：技巧性转场与无技巧性转场

任务 2 初识 Premiere

任务导入

“湘果工作室”团队安装好 Adobe Premiere Pro CC 2018 软件后，开始研究软件的功能了，到底是哪些功能，能够制作出那些精美绝伦的微电影、MV、纪录片呢？虽然大家对软件各功能有了基础性的了解，但如何来操作，大家还是一筹莫展，不知道如何下手。

袁老师了解到团队自学进度与现状后，给他们布置了一个小任务。如果完成了这个小任务，对于 Premiere 软件的基本操作，以及如何导出简单的短视频作品，就能心中有数了！团队成员个个踌躇满志，纷纷表示一定能够完成任务。到底是什么样的任务呢？让我们一起去看看吧！

根据表 4-2-1 所示的分镜头脚本内容，利用所拍摄的视频素材，结合所提供的音频与歌词内容，在 Premiere 软件中完成短视频的剪辑，最后生成一段时长为 55 秒，分辨率为 1920 像素 *1080 像素，25 帧 / 秒，格式为 MP4 格式的视频文件。

表 4-2-1　分镜头脚本

镜号	画面	拍摄手法	场地	景别	时长	音乐
1	水滴滴在教学楼栏杆上	固定镜头	教学楼的栏杆	特写	16 秒	歌曲《和你一样》中的部分音频片段
2	杨同学正在画室画画，看着自己画的作品，没有达到理想的状态，有点失望与惆怅	移镜头 拉镜头	画室	中景	10 秒	
3	杨同学在雨中奔跑，释放着难过的情绪	移镜头	实训楼天台	全景	4 秒	
4	杨同学坐在天台边缘，望向天空，眼神痛苦，接着双手捂住脸庞	摇镜头 拉镜头	实训楼天台	中景	10 秒	
5	杨同学用力拍打篮球场上的铁丝网，情绪快要崩溃了	固定镜头	篮球场	近景	5 秒	
6	杨同学走在操场斜坡，显得有点心灰意冷	摇镜头	操场斜坡	全景	10 秒	

音频片段所对应的歌词为：

谁能忘记过去一路走来陪你受的伤
谁能预料未来茫茫漫长你在何方
笑容在脸上　和你一样
大声唱　为自己鼓掌
我和你一样　一样的坚强
一样的全力以赴追逐我的梦想
哪怕会受伤　哪怕有风浪

视频素材有 6 个，如图 4-2-1 所示。

3 天台奔跑中

5 篮球场拍打

6 操场斜坡

图 4-2-1　视频素材

任务分析

（1）使用 Premiere 前的优化设置：在创建项目文件前，用户可以修改“首选项”和“项目设置”，以便更好地提高视频剪辑效果。

（2）序列设置：在“新建序列”对话框中完成“序列预设”、“设置”、“轨道”和“VR 视频”4 个选项卡的设置。

（3）素材导入：Premiere 支持大部分主流的视频、音频及图像文件格式，将素材导入到“项目”面板的“素材箱”。

（4）添加素材至时间轴：选中“项目”面板中的素材，在“源”面板中设置素材的入点与出点，单击“仅拖动音频”或“仅拖动视频”按钮，将音频或视频素材添加至“时间轴”面板的音频或视频轨道。

（5）导出作品：Premiere 软件可以导出单帧图像、音频文件、完整影片及静态图片。

知识准备

文本资料：Premiere 软件的基本操作

微课视频：视频剪辑常用名词

微课视频：Premiere 软件的工作界面

微课视频：Premiere 软件的基本操作

微课视频：Premiere 软件的导出作品

任务实施

任务 2 演示视频

任务 2 视频效果

一、新建项目与序列

（1）新建项目文件：启动 Premiere 软件，弹出“开始”界面。单击“新建项目”按钮，如图 4-2-2 所示，弹出“新建项目”对话框，设置“位置”选项，选择保存文件的路径，注意最好不要选择系统盘。在“名称”文本框中输入文件名“项目四 任务 2 初识 Premiere”（用户可以另取其他文件名），如图 4-2-3 所示，单击“确定”按钮，完成项目文件的创建。

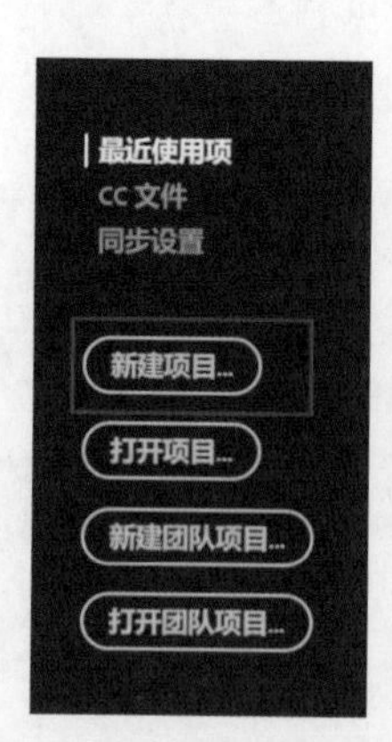

图 4-2-2 “开始”界面

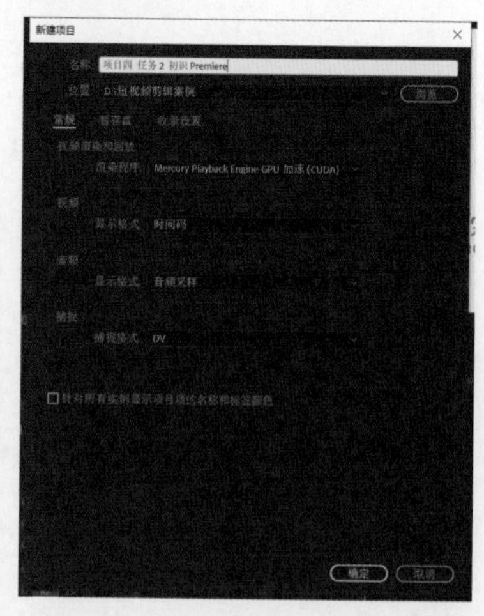

图 4-2-3 “新建项目”对话框

（2）新建序列：依次单击“文件”|“新建”|“序列”选项，如图 4-2-4

所示，或者直接按“Ctrl+N”快捷键，弹出“新建序列”对话框，在左侧的列表中选择“AVCHD 1080P25”选项，输入序列名称“和你一样片段剪辑”，如图 4-2-5 所示，单击“确定”按钮，完成序列的创建。

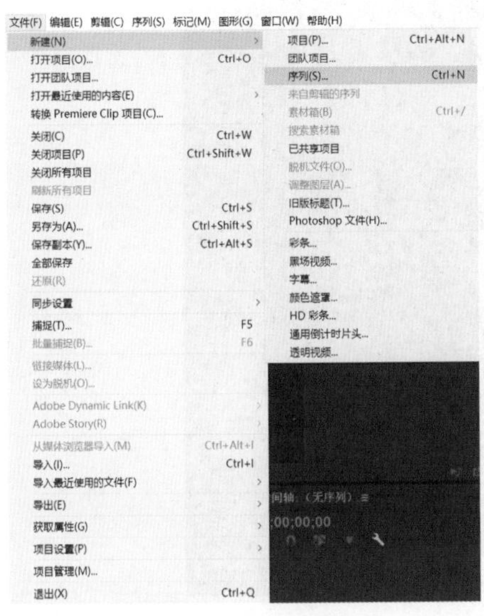

图 4-2-4 新建序列

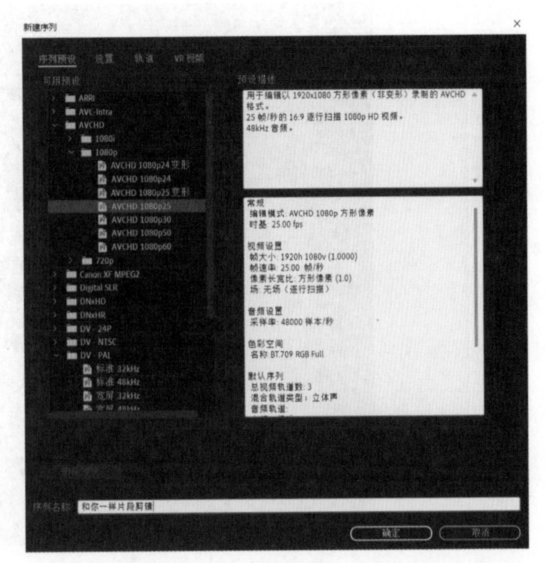

图 4-2-5 “新建序列”对话框

二、设置首选项

(1) 设置自动保存功能：依次单击“编辑”|“首选项”|“自动保存”选项，弹出“首选项”对话框。在“首选项”对话框的“自动保存”选项区域中，设置自动保存时间间隔为“10”分钟，最大项目版本为“20”。设置完成后，单击“确定”按钮退出对话框，如图 4-2-6 所示，返回到工作界面。

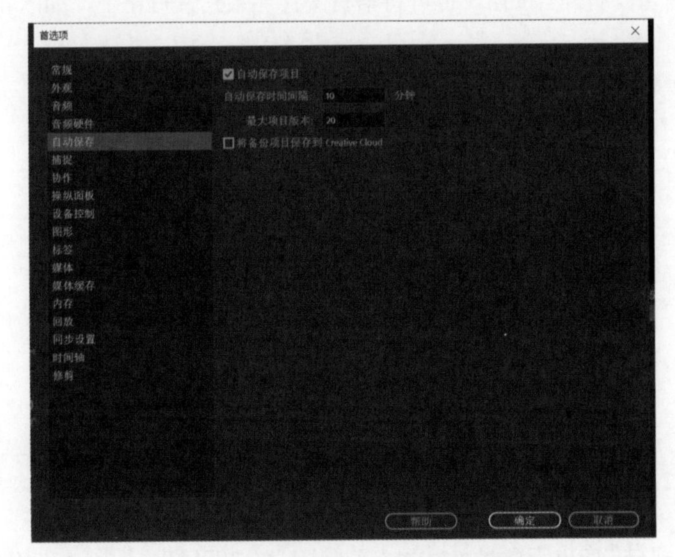

图 4-2-6 设置自动保存功能

（2）设置媒体缓存功能：单击“媒体缓存”选项，设置媒体缓存文件存在非系统盘，自动删除 90 天前的缓存文件，减少系统压力，让软件操作更流畅，如图 4-2-7 所示。

图 4-2-7　媒体缓存设置

三、导入素材

（1）依次单击“文件”|“导入”选项，或者直接按“Ctrl+I”快捷键，弹出“导入”对话框，选择“素材”文件夹中的“视频素材”和“音频素材”，单击“导入文件夹”按钮，可将这两个文件夹导入到素材箱中，如图 4-2-8 所示；或者打开“素材”中的文件夹选择文件夹中的文件，单击“打开”按钮，也可将素材文件导入到素材箱中，如图 4-2-9 所示。

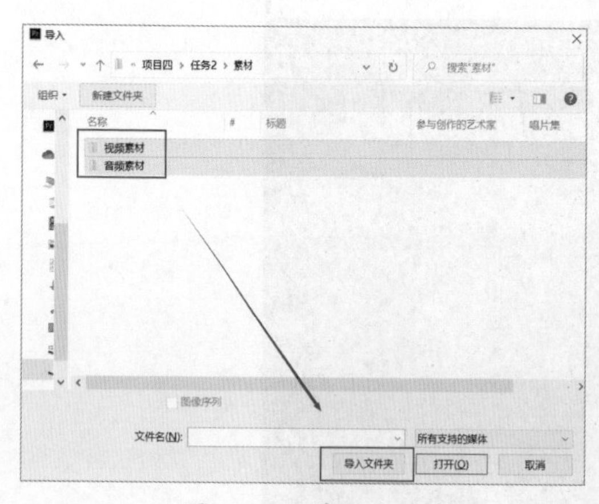

图 4-2-8　导入文件夹

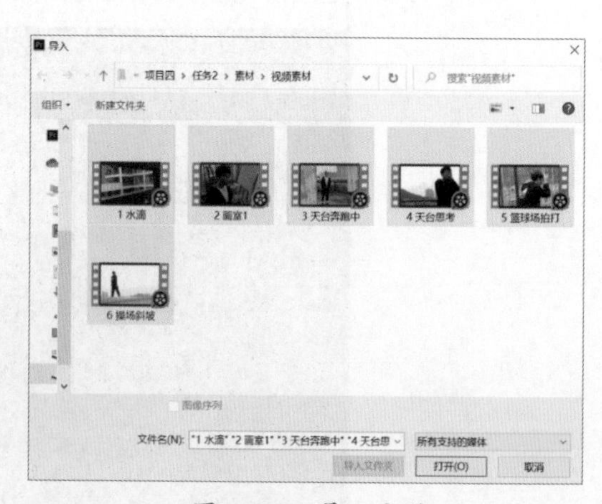

图 4-2-9　导入文件

（2）此时，“项目”面板中会显示已导入的视频与音频文件，如图 4-2-10 所示。

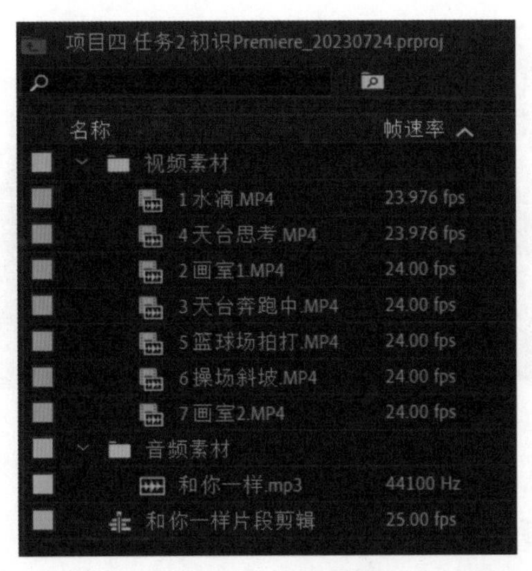

图 4-2-10　导入素材

四、添加音频至时间轴

（1）在“项目”面板中双击“和你一样 .mp3”素材，在“源”面板中单击“播放 / 暂停”按钮可以试听音频，在“00:02:09:04”处标记入点，在“00:03:05:04”处标记出点，如图 4-2-11 所示。

（2）单击“仅拖动音频”按钮，将标记了入点与出点的音频片段，拖曳至“时间轴”面板中的 A1 音频轨道上的“00:00:00:00”处，如图 4-2-12 所示。

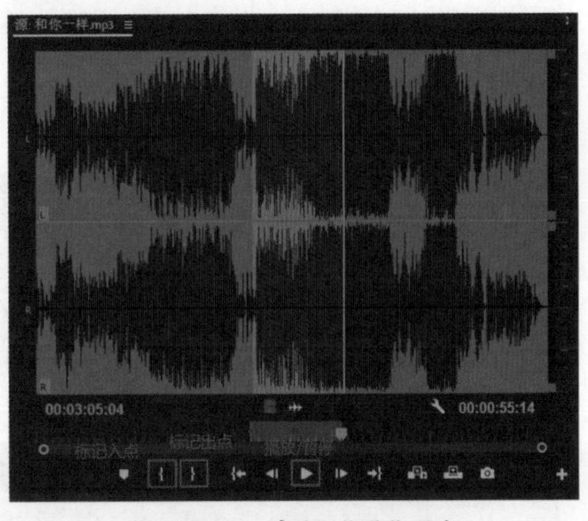

图 4-2-11　音频“源”面板

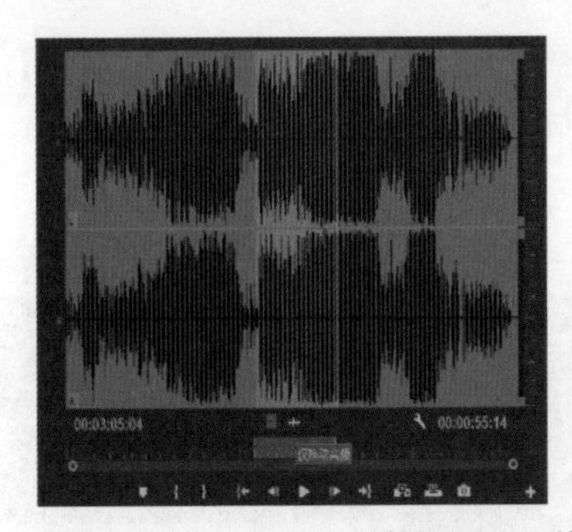

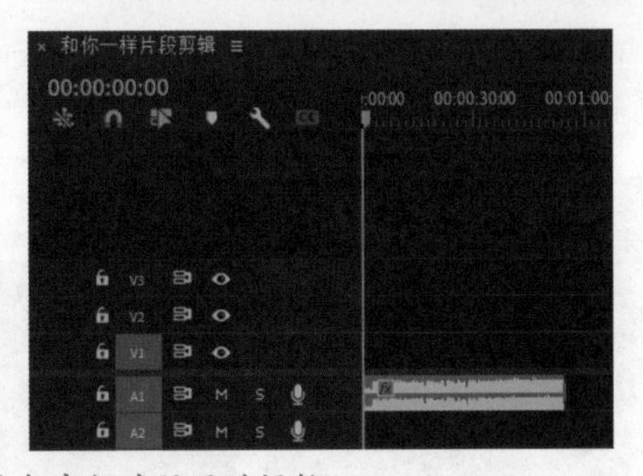

图 4-2-12　拖曳音频片段至时间轴

（3）打开“效果”面板，选择“音频过渡”中的“恒定增益”效果，将其拖曳至音频素材的结束处，此时音频结束呈现淡出效果，如图 4-2-13 所示。

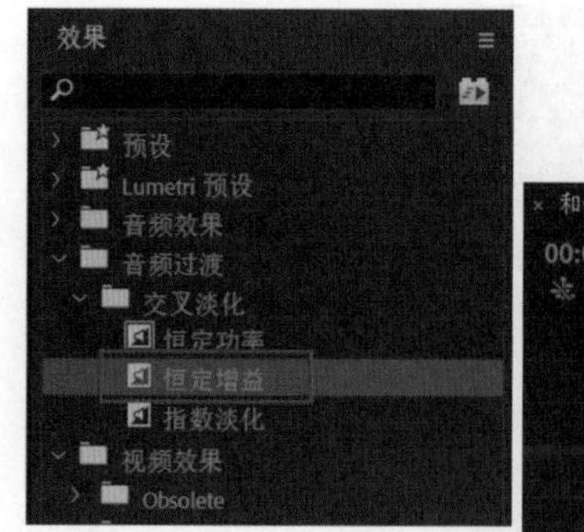

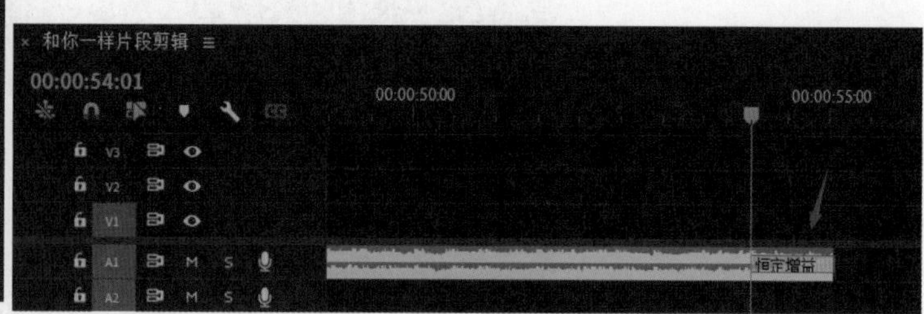

图 4-2-13　设置“恒定增益”效果

五、添加视频片段至时间轴

（1）单击“1 水滴 .mp4”素材，在“源”面板中浏览，单击“仅拖动视频”按钮，将视频片段拖曳至“时间轴”面板中的 V1 视频轨道上的“00:00:00:00”处，如图 4-2-14 所示。

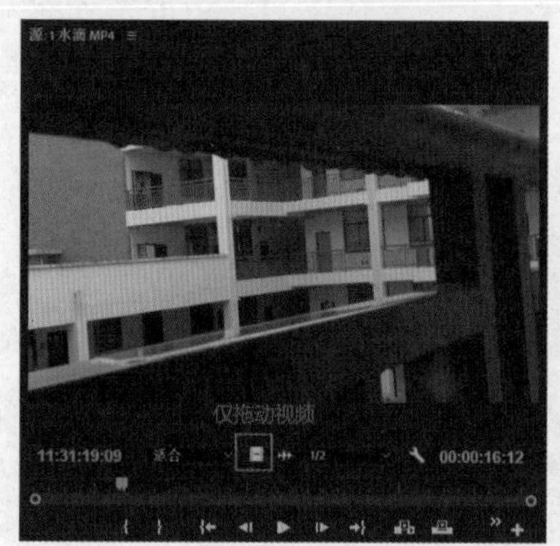

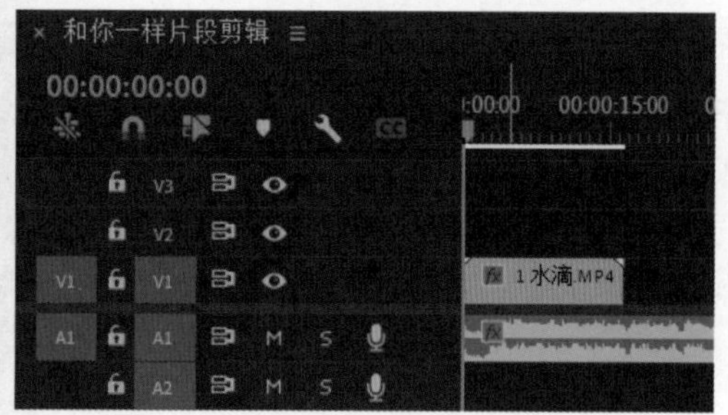

图 4-2-14　拖曳视频片段 1 至时间轴

（2）单击“2 画室 1.mp4”素材，在“源”面板中浏览，单击“仅拖动视频”按钮，将视频片段拖曳至“时间轴”面板中的 V1 视频轨道上的“00:00:16:00”处，如图 4-2-15 所示。

图 4-2-15　拖曳视频片段 2 至时间轴

（3）单击“3 天台奔跑中 .mp4”素材，在“源”面板中浏览，设置入点与出点，单击“仅拖动视频”按钮，将视频片段拖曳至“时间轴”面板中的 V1 视频轨道上的“00:00:26:00”处，如图 4-2-16 所示。

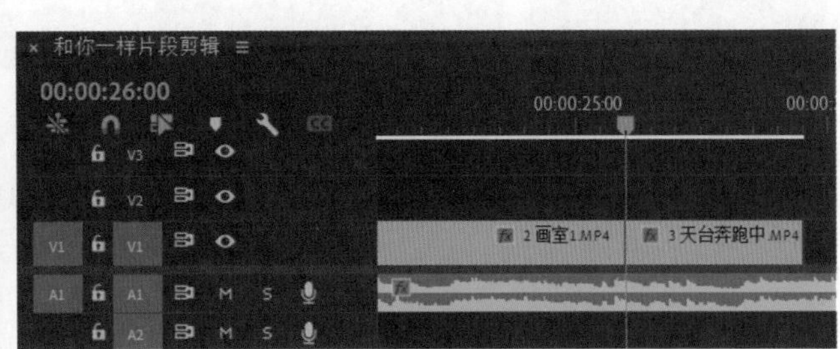

图 4-2-16　拖曳视频片段 3 至时间轴

（4）单击“4 天台思考 .mp4”素材，在“源”面板中浏览，单击“仅拖动视频”按钮，将视频片段拖曳至“时间轴”面板中的 V1 视频轨道上的“00:00:29:15”处，如图 4-2-17 所示。

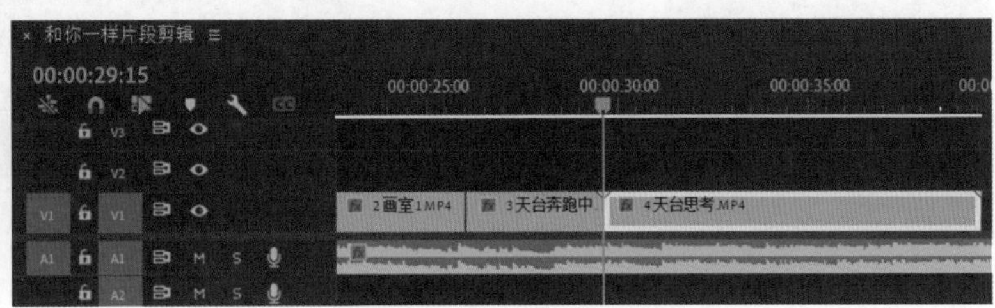

图 4-2-17　拖曳视频片段 4 至时间轴

（5）单击“5 篮球场拍打 .mp4”素材，在“源”面板中浏览，设置入点与出点，单击“仅拖动视频”按钮，将视频片段拖曳至“时间轴”面板中的 V1 视频轨道上的“00:00:39:10”处，如图 4-2-18 所示。

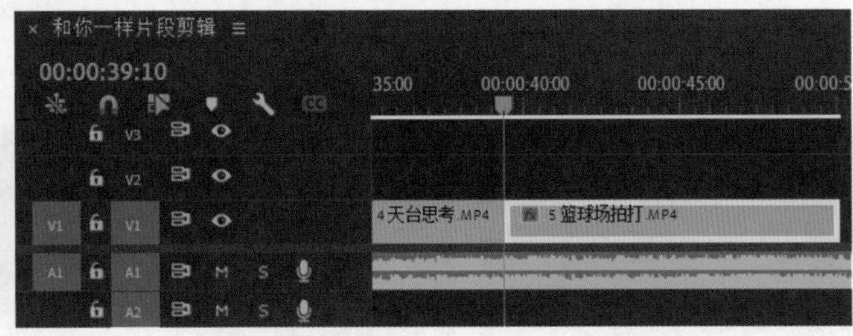

图 4-2-18　拖曳视频片段 5 至时间轴

（6）单击“6 操场斜坡 .mp4”素材，在“源”面板中浏览，设置入点与出点，单击“仅拖动视频”按钮，将视频片段拖曳至“时间轴”面板中的 V1 视频轨道上的“00:00:45:00”处，如图 4-2-19 所示。

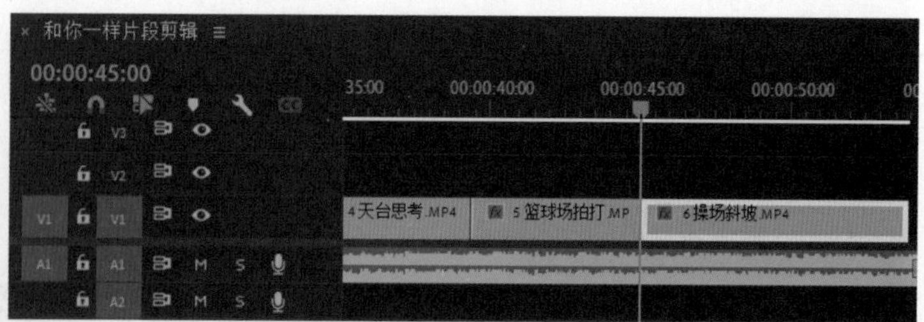

图 4-2-19　拖曳视频片段 6 至时间轴

六、设置视频片段的缩放值

（1）因视频素材的分辨率都超过了 1920 像素 *1080 像素的范围，所以需要逐个选择 V1 视频轨道上的 6 个视频片段，在“效果控件”面板中设置缩放值为“50%”，如图 4-2-20 所示。

（2）通过设置，“节目”面板中的视频铺满了整个画面，整个视频作品的时间轴如图 4-2-21 所示。

图 4-2-20　调整视频素材的缩放参数

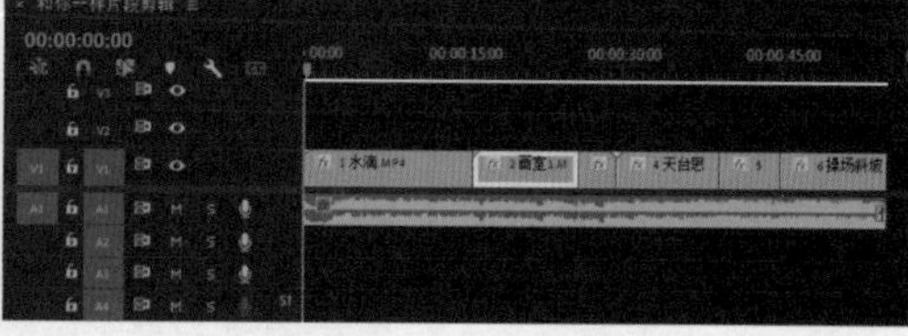

图 4-2-21　时间轴效果

七、导出视频

（1）将编辑完成的项目文件以视频格式输出，可以输出编辑内容的全部或某一部分，也可以只输出视频内容或只输出音频内容，一般将全部的视频和音频一起输出。因目前视频有 55 秒 14 帧，在“00:00:00:14”处设置入点，如图 4-2-22 所示，在视频的最后设置出点，出入点之间的视频长度为 55 秒，如图 4-2-23 所示。

图 4-2-22　设置入点

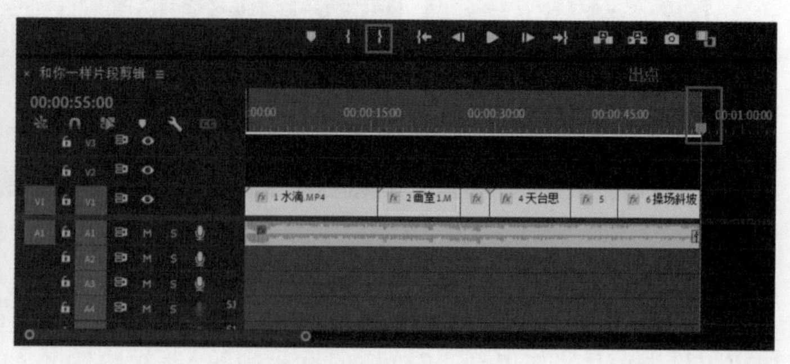

图 4-2-23　设置出点

（2）依次单击“文件”|“导出”|“媒体”选项，弹出“导出设置”对话框。在“源范围”中选择“序列切入 / 序列切出”选项，在“格式”选项的下拉列表中选择“H.264”选项，在“预设”选项的下拉列表中选择“匹配源 - 高比特率”选项，在“输出名称”文本框中输入文件名并设置文件的保存路径，勾选“导出视频”复选框和“导出音频”复选框，如图 4-2-24 所示。

图 4-2-24　输出设置

（3）设置完成后，单击“导出”按钮，即可导出所设置的 MP4 格式影片。

任务自测

在线测试

任务评价

评价项目	评价内容	自我评价等级				
		优	良	中	较差	差
知识评价	能够掌握项目与序列的新建与管理					
	能够掌握素材的导入与基本编辑					
	能够掌握时间轴上素材的添加与基本操作					
	能够掌握不同格式文件的渲染输出操作					
技能评价	具有独立完成项目与序列创建与管理的能力					
	具有独立导入与管理素材的能力					
	具有独立编辑简单视频的能力					
	具有独立导出不同格式文件的能力					
	具有知识迁移的能力					
创新素质评价	能够清晰有序地梳理与实现任务					
	能够挖掘出课本之外的其他知识与技能					
	能够利用其他方法来分析与解决问题					
	能够进行数据分析与总结					
	能够养成精益求精的剪辑态度					
	能够诚信对待作业原创性问题					
课后建议及反思						

任务拓展

文本资料：制作竖屏视频效果

案例演示：制作竖屏视频效果

任务3 编辑技术

任务导入

“湘果工作室”团队通过使用 Premiere 软件完成了第一个视频任务后，对视频剪辑开始有了一些头绪，对如何剪辑与分离素材的方法产生更大的学习兴趣。但是他们又遇到了新的问题，比如，如果所拍摄的视频素材里有抖动，能够通过软件让其更稳定吗？如果想让拍摄的画面速度有所变化，又该如何利用软件来实现呢？视频中出现的定格静态画面的效果，是怎么实现的呢？于是，袁老师又给团队布置了新的任务，让我们一起跟着去学习吧！

根据表 4-3-1 所示的分镜头脚本内容，利用所拍摄的视频素材，结合所提供的音频素材，在 Premiere 软件中完成短视频效果的剪辑，最后生成一段时长为 25 秒、分辨率为 1920 像素 * 1080 像素、25 帧 / 秒、格式为 MP4 格式的视频文件。

表 4-3-1 分镜头脚本

镜号	画面	拍摄手法	景别	时长	音效	音乐
1	上下黑场开头，女主角从画面左侧慢慢走入画面右侧	固定镜头	中景	6 秒		背景音乐
2	脚步由远到近，踩在松软的草地上	固定镜头	特写	5 秒		
3	女主角轻轻抚摸着小草新长出来的花苞	固定镜头	近景	2 秒		
4	女主角踏着脚步往前走，慢慢地回过头，绽开美丽的笑容，眼神中是对未来的坚定	固定镜头	中景	6 秒		
5	响起相机的声音，瞬间定格住这美丽的笑容	固定镜头	中景	2 秒	相机音效	
6	女主角继续微笑着	固定镜头	中景	4 秒		

该任务素材有 6 个，如图 4-3-1 所示。

图 4-3-1 任务 3 素材

任务分析

（1）片头动画效果：利用“调整图层”制作片头慢慢打开的效果；通过“裁剪”视频效果控制“调整图层”的显示区域。

（2）素材去抖处理：因为素材1画面有点抖动，利用“变形稳定器”视频效果对其进行去抖处理。

（3）素材慢速设置：通过设置“速度/持续时间”选项中的参数值，调整素材的速度与持续时间，实现慢速效果。

（4）照片定格效果：单击“导出帧”按钮，导出静态图片；使用“高斯模糊”视频效果，设置模糊背景；使用“颜色遮罩”添加一个白色的颜色遮罩，制作白色相框效果。

（5）素材选取添加：在“源”面板与“时间轴”面板上，使用三点编辑与四点编辑的方式添加素材。

知识准备

文本资料：Premiere软件的编辑技术

微课视频：剪辑素材

微课视频：分离素材

任务实施

任务3演示视频

任务3视频效果

一、新建项目与序列

（1）新建项目文件：启动Premiere软件，弹出“开始”界面，单击“新建项目”按钮，弹出“新建项目”对话框，设置“位置”选项，选择保存文件的路径。在“名称”文本框中输入文件名“项目四 任务3 编辑技术”（用户可以另取其他文件名），单击“确定”按钮，完成项目文件的创建。

（2）新建序列：依次单击“文件”|“新建”|“序列”选项，或者直接按“Ctrl+N”组合键，弹出“新建序列”对话框，在左侧的列表中选择“AVCHD 1080P25”选项，输入序列名称“定格美好”，单击“确定”按钮，完成序列的创建。

二、导入素材

（1）依次单击“文件”|“导入”选项，或者直接按“Ctrl+I”组合键，弹出“导入”对话框，

选择“素材”文件夹中的音频与视频素材文件，单击“导入文件夹”按钮，可将此文件夹中的所有素材导入到素材箱中，效果如图 4-3-2 所示。

图 4-3-2　导入素材

三、添加背景音乐与创建调整图层

（1）在“项目”面板中选中“背景音乐 .mp3”文件， 将其直接拖曳至“时间轴”面板中的 A1 音频轨道上的“00:00:00:00”处，如图 4-3-3 所示。

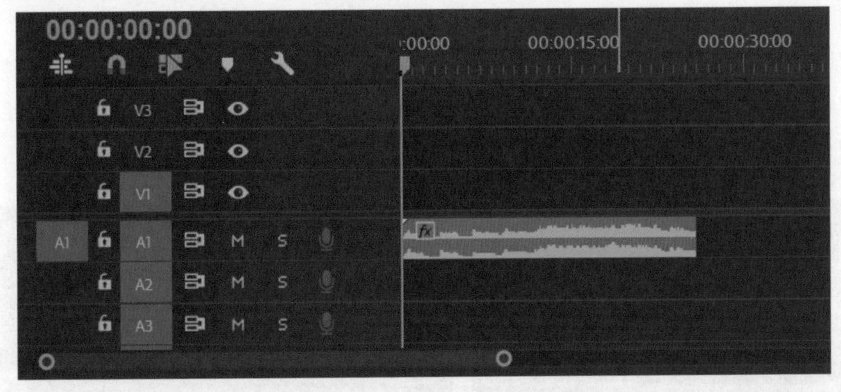

图 4-3-3　拖曳音频片段至时间轴

（2）依次单击“文件”|“新建”|“调整图层”选项，弹出“调整图层”对话框，如图 4-3-4 所示。

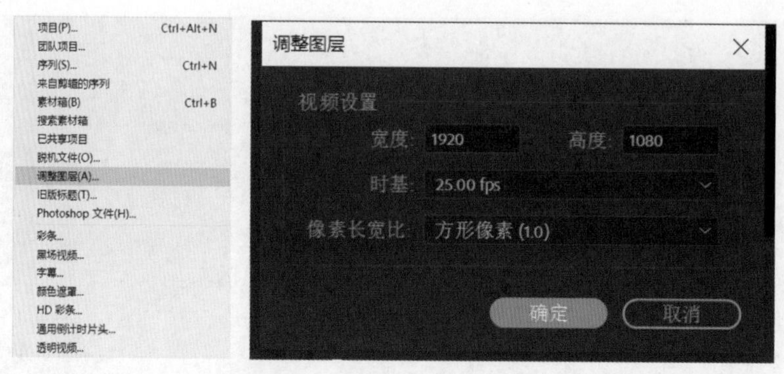

图 4-3-4 “调整图层”对话框

（3）“项目”面板中新增了一个“调整图层”，将其直接拖曳至“时间轴”面板中的 V2 视频轨道上的“00:00:00:00”处，如图 4-3-5 所示。

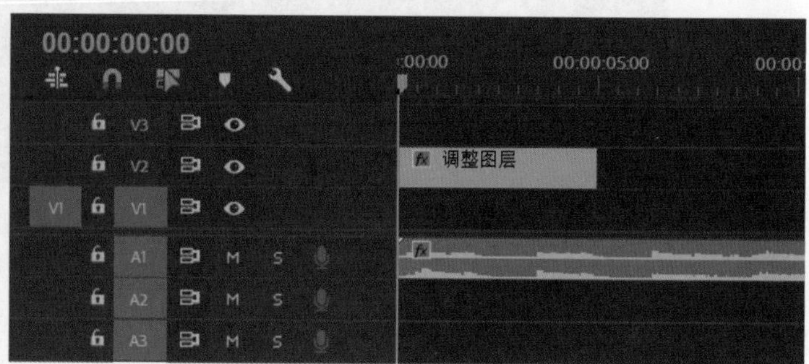

图 4-3-5 在“时间轴”面板添加“调整图层”

（4）将鼠标光标放在“调整图层”的结束位置，当鼠标光标呈现红色向左的指示箭头时，按住并向右拖曳鼠标至“00:00:06:20”处，延长“调整图层”，如图 4-3-6 所示。选中“调整图层”，在“效果”面板中查找“裁剪”视频效果，将其拖曳至时间轴上的“调整图层”上。在“效果控件”面板中对“裁剪”视频效果进行参数设置，单击“顶部”与“底部”前的“切换动画”图标，首先将光标放在“00:00:00:00”处，设置顶部与底部均为“50%”，然后将光标移至“00:00:01:10”处，设置顶部与底部均为“0%”，如图 4-3-7 所示。

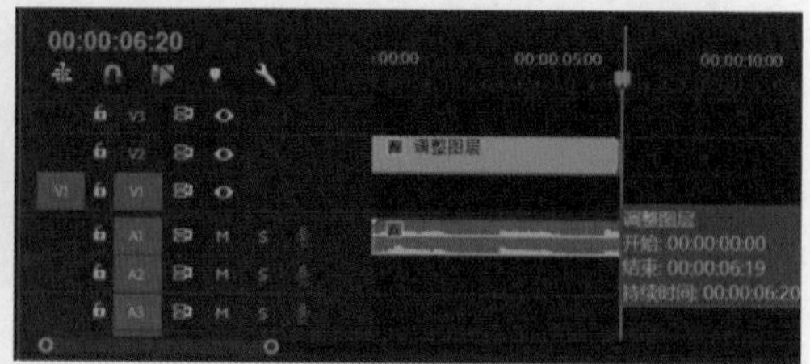

图 4-3-6 延长“调整图层”

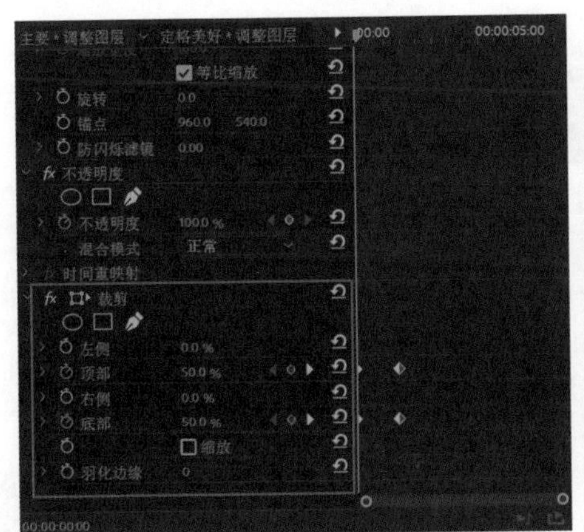

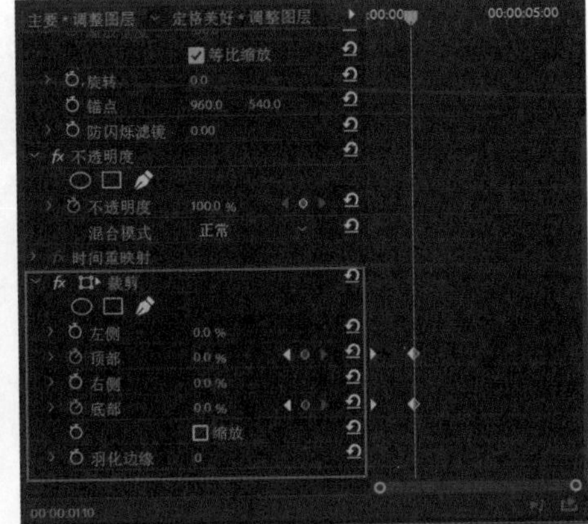

图 4-3-7 设置“调整图层”的裁剪效果

四、添加与编辑视频素材 1

（1）选中“1.mp4”视频片段，在“源”面板中设置入点与出点，如图 4-3-8 所示，单击“仅拖动视频”按钮，将选中的视频片段拖曳至“时间轴”面板中的 V1 视频轨道上的“00:00:00:00”处；选中时间轴上的“1.mp4”视频片段，在“效果控件”面板中将缩放值设置为“50%”，如图 4-3-9 所示。

图 4-3-8 设置视频片段 1 的入点与出点

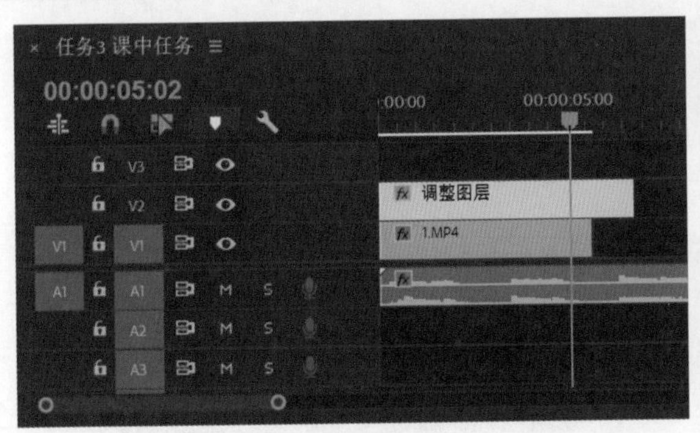

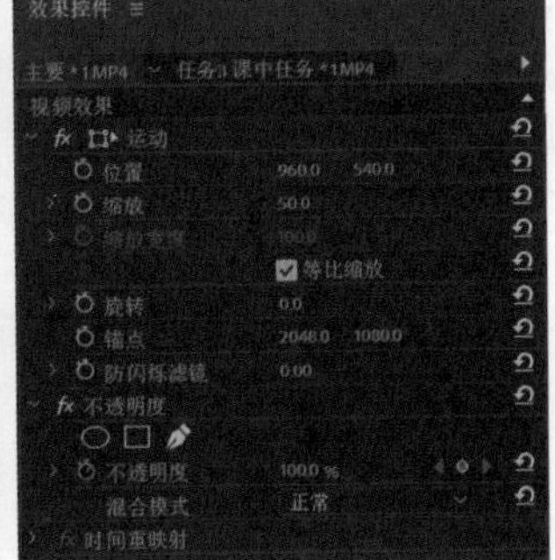

图 4-3-9 设置视频片段 1 的缩放值

（2）因为画面有点抖动，需利用“变形稳定器”视频效果对其进行去抖处理。“1.mp4”视频片段的分辨率为 4096 像素 *2160 像素，与本序列 1920 像素 *1080 像素不一致，导致剪辑尺寸与序列不匹配，需要将“1.mp4”视频片段保存为“嵌套”，如图 4-3-10 所示。

图 4-3-10　剪辑尺寸与序列不匹配

(3)选中“1.mp4”视频片段，右击选择“嵌套”选项，自动将该视频片段保存为“嵌套序列 01”，单击“确定”按钮。此时时间轴上的“1.mp4”视频片段变成了“嵌套序列 01”，如图 4-3-11 所示。

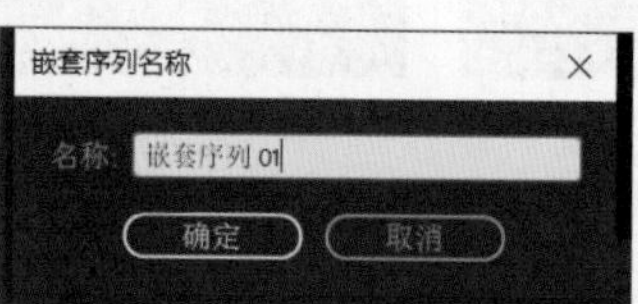

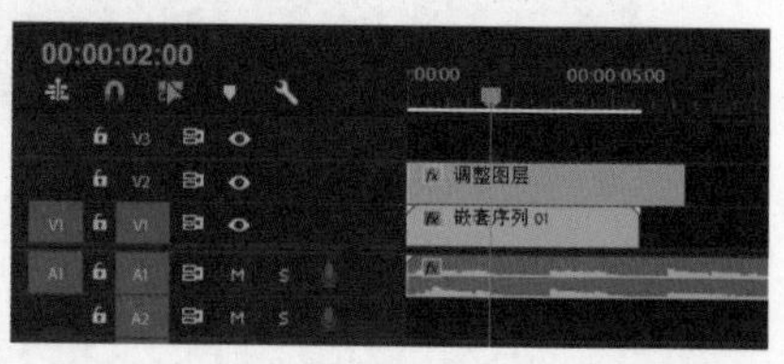

图 4-3-11　创建“嵌套序列 01”

(4)在“效果”面板中查找“变形稳定器”视频效果，将其拖曳至时间轴上的“嵌套序列 01”上，在“效果控件”面板中“变形稳定器”处单击“分析”按钮，开始在后台进行分析，如图 4-3-12 所示。

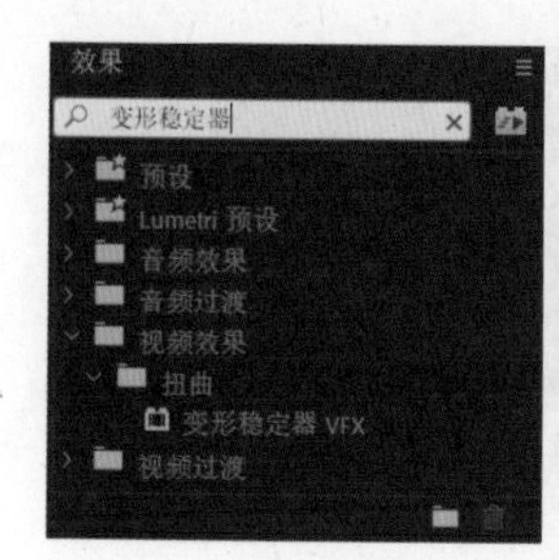

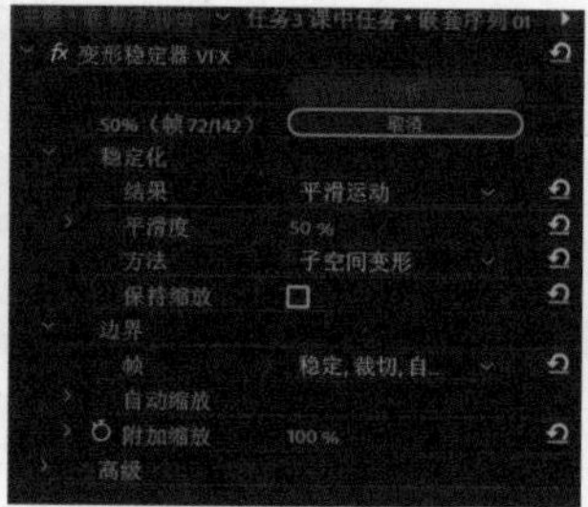

图 4-3-12　变形稳定器

(5)因“变形稳定器”与“速度”不能用于同一个视频片段，选中“嵌套序列 01”，右击选择“嵌套”选项，将其保存为“嵌套序列 02”，如图 4-3-13 所示。

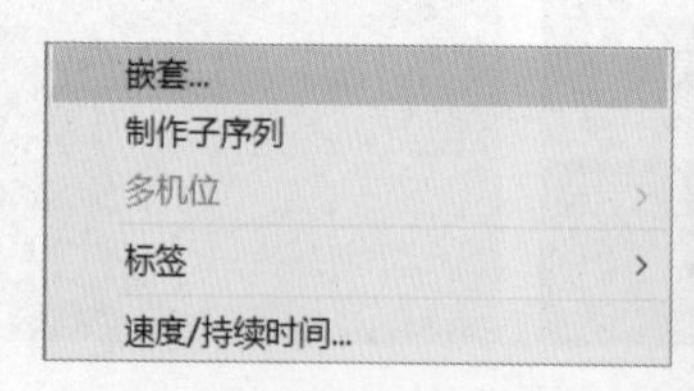

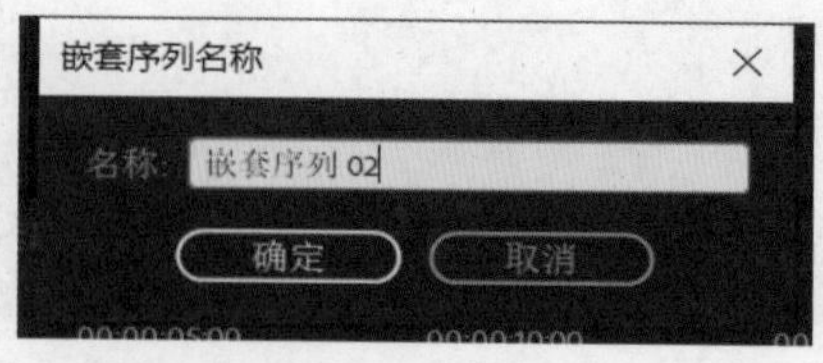

图 4-3-13　创建“嵌套序列 02”

(6)选中“嵌套序列 02”视频片段，右击选择“速度 / 持续时间”选项，在弹出的“剪辑速度 / 持续时间”对话框中，设置速度为“83.5%”，如图 4-3-14 所示。

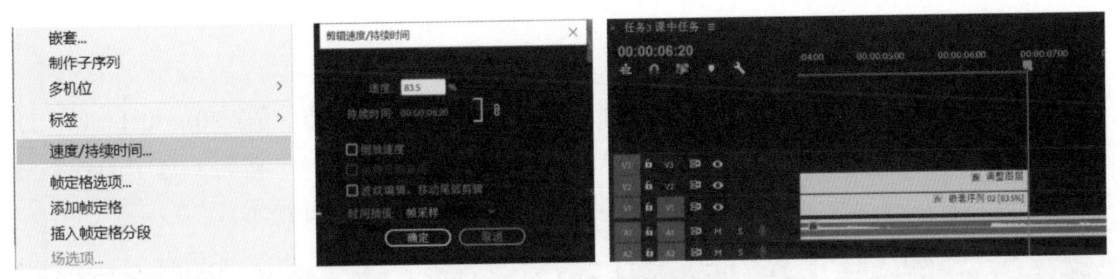

图 4-3-14　调整速度

五、添加与编辑视频素材 2

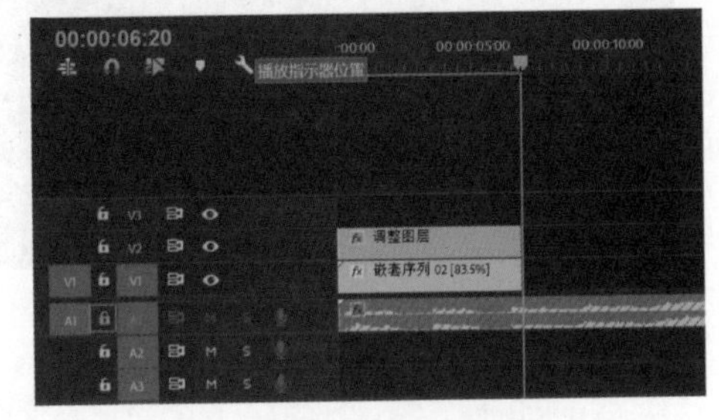

图 4-3-15　锁定音频轨道

（1）为了不影响 A1 音频轨道的编辑，单击“切换轨道锁定”按钮，将 A1 音频轨道锁定，如图 4-3-15 所示。

（2）选中“2.mp4”视频片段，在“源”面板中设置入点与出点，在“00:00:06:20”处设置入点，单击“源”面板上的“插入”按钮，选中的视频片段以三点编辑的方式插入到 V1 视频轨道入点处，如图 4-3-16 所示。

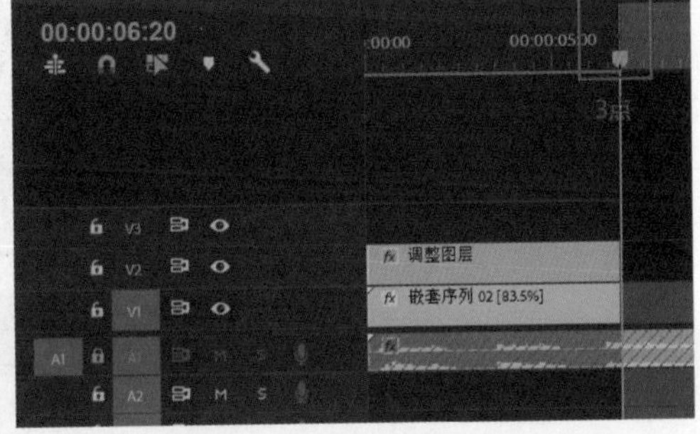

图 4-3-16　插入视频片段 2

（3）同时，选中时间轴上的“2.mp4”视频片段，在“效果控件”面板中将缩放值设置为“50%”，如图 4-3-17 所示。

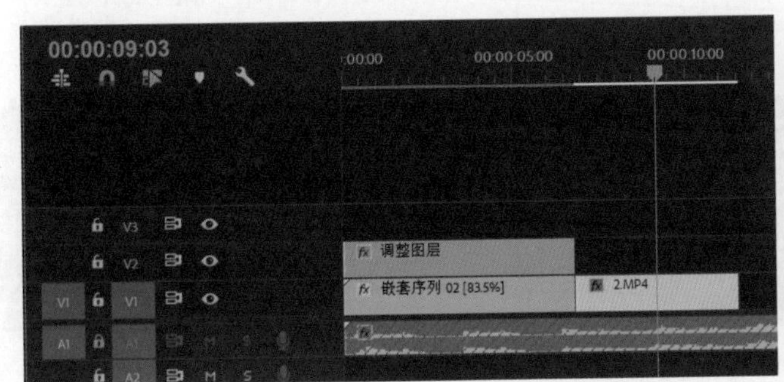

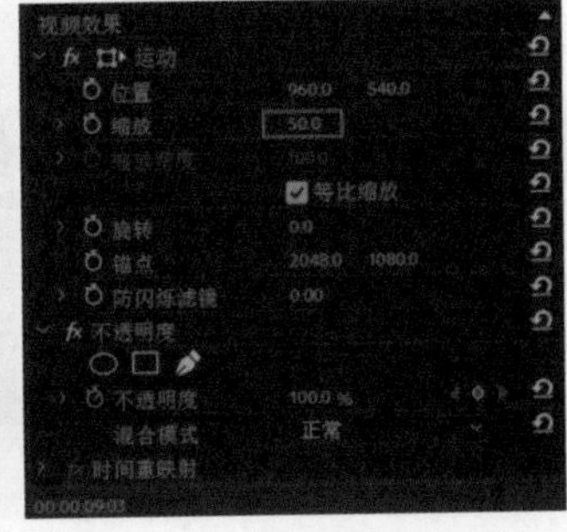

图 4-3-17　设置视频片段 2 的缩放值

六、添加与编辑视频素材 3

（1）选中“3.mp4”视频片段，在“源”面板中设置入点与出点，在“00:00:11:14”处设置入点，在“00:00:14:22”处设置出点，单击“源”面板上的“插入”按钮，选中的视频片段以四点编辑的方式插入到 V1 视频轨道的入点与出点间，如图 4-3-18 所示。

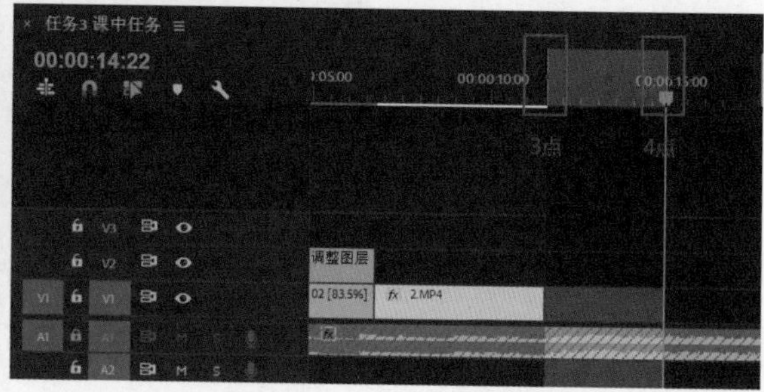

图 4-3-18　插入视频片段 3

（2）同时，选中时间轴上的“3.mp4”视频片段，在“效果控件”面板中将缩放值设置为“50%”，如图 4-3-19 所示。

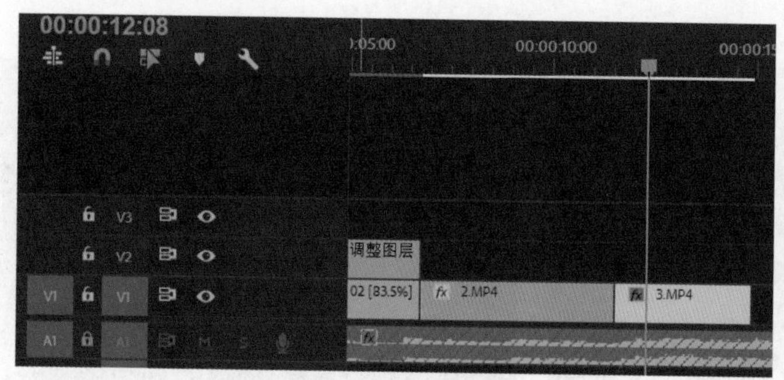

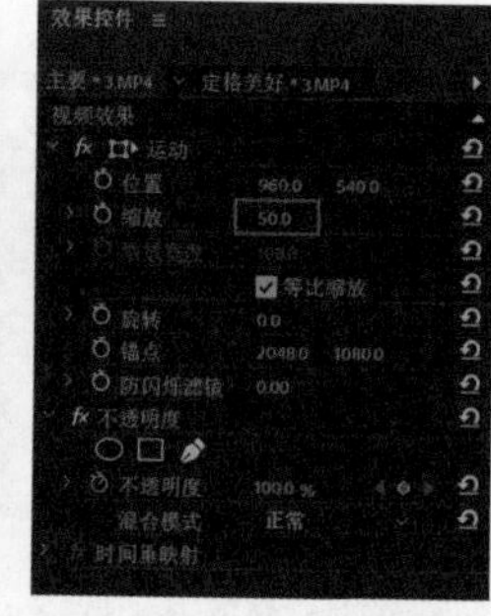

图 4-3-19　设置视频片段 3 的缩放值

七、添加与编辑视频素材 4

（1）选中“4.mp4”视频片段，在“源”面板中设置入点与出点，单击“源”面板上的“插入”按钮，将选中的视频片段插入到 V1 视频轨道“00:00:14:22”处，如图 4-3-20 所示。

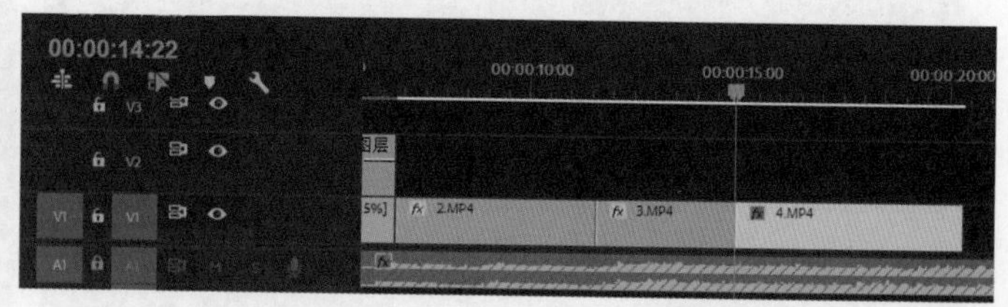

图 4-3-20　插入视频片段 4

（2）同时，选中时间轴上的“4.mp4”视频片段，在“效果控件”面板中将缩放值设置为“50%”。

（3）选中“4.mp4”视频片段，右击选择“速度 / 持续时间”选项，设置速度为“49%”。如图 4-3-21 示。

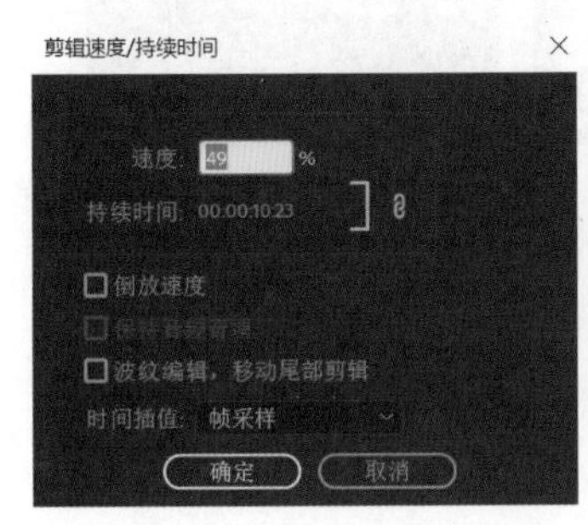

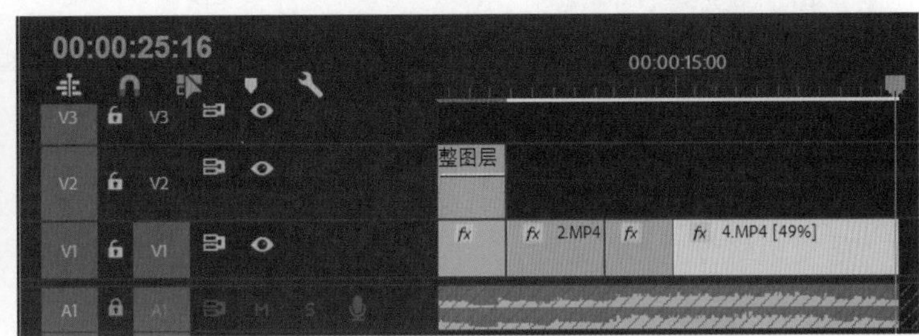

图 4-3-21 设置速度

八、设置定格帧效果

（1）将鼠标光标定位至“00:00:23:02”处，单击“节目”窗口的“导出帧”按钮，如图 4-3-22 所示，导出静态图片。在弹出的“导出帧”对话框中，将名称设置为“定格画面”，格式可以选择 JPG、BMP、PNG 等，选择保存图片的路径，勾选“导入至项目中”复选框，此时“项目”窗口中就出现了名为“定格画面 .jpg”的素材，如图 4-3-23 所示。

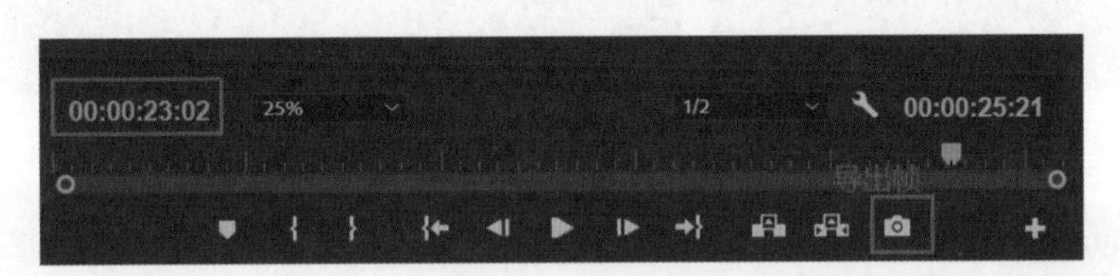

图 4-3-22 导出帧

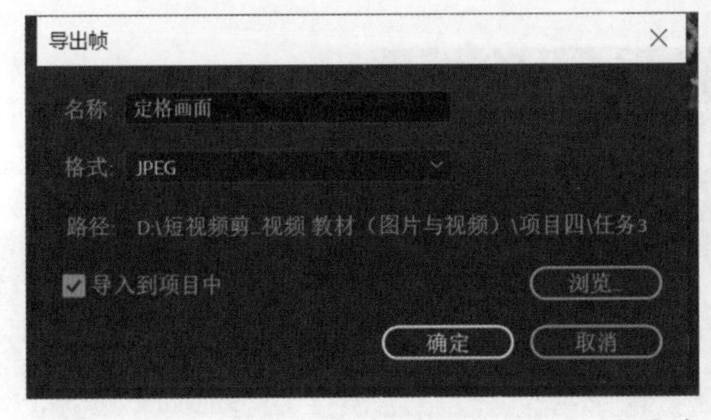

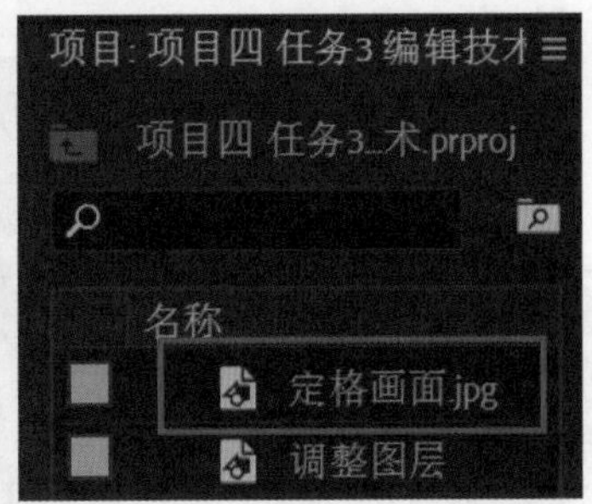

图 4-3-23 设置帧属性

（2）将“定格画面 .jpg”素材拖曳至 V2 视频轨道“00:00:21:14”处，鼠标光标放在素材的结束位置，往左拖曳素材至“00:00:24:15”处。在“效果”面板中搜索“高斯模糊”视频效果，并将其拖曳至时间轴的“定格画面 .jpg”素材上，如图 4-3-24 所示。

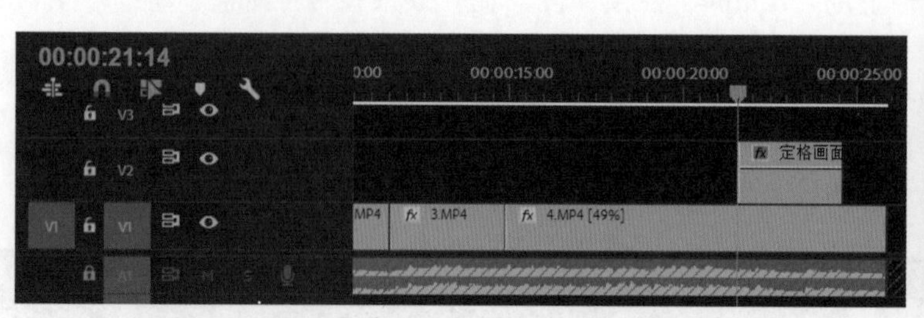

图 4-3-24　将定格画面插入时间轴

（3）在“效果控件”面板上设置“高斯模糊”视频效果的参数，模糊度为“52”，勾选“重复边缘像素”复选框，此时“节目”面板上的定格画面变得模糊了，如图 4-3-25 所示。

图 4-3-25　“高斯模糊”视频效果

（4）依次单击“文件”|“新建”|“颜色遮罩”选项，添加一个白色的颜色遮罩，将其命名为“颜色遮罩”，单击“确定”按钮，自动保存至“项目”面板中，如图 4-3-26 所示。

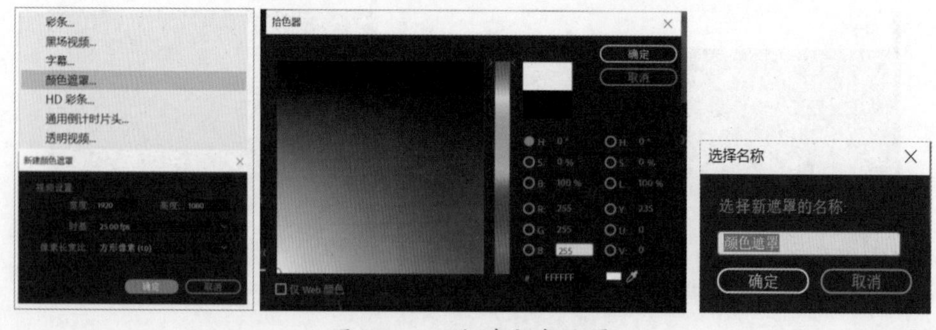

图 4-3-26　新建颜色遮罩

（5）将“项目”面板中的“颜色遮罩”拖曳至 V3 视频轨道的“00:00:21:14”处，鼠标光标放在其结束位置，往左拖曳“颜色遮罩”至“00:00:24:15”处。在“效果控件”面板中设置“颜色遮罩”的缩放值为“55”，旋转值为“10°”，如图 4-3-27 所示。

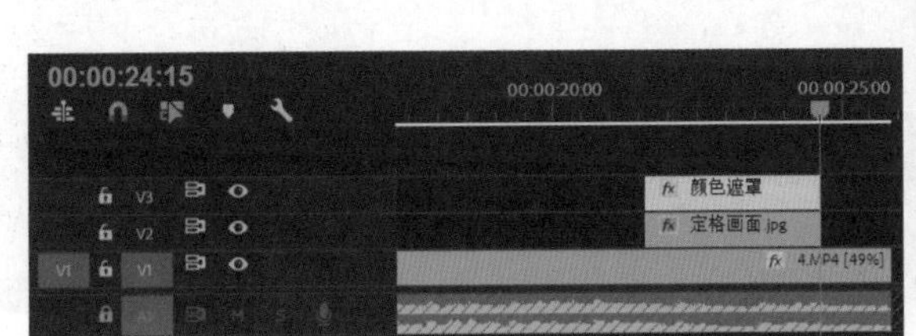

图 4-3-27　设置颜色遮罩参数

（6）将“项目”面板中的“定格画面.jpg”素材拖曳至 V4 视频轨道的“00:00:21:14”处，鼠标光标放在素材的结束位置，往左拖曳素材至“00:00:24:15”处。在“效果控件”面板中设置“定格画面.jpg”素材的缩放值为“50”，旋转值为“10°”，如图 4-3-28 所示。

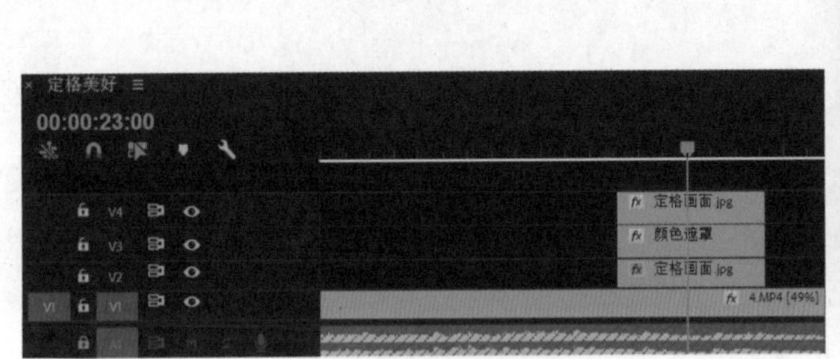

图 4-3-28　设置 V4 视频轨道素材参数

（7）此时，“节目”面板上视频的预览效果如图 4-3-29 所示。

图 4-3-29　视频预览效果

（8）选中“项目”面板上的“相机音效.wav”素材，将其拖曳至 A2 音频轨道的“00:00:21:21”处，利用“剃刀”工具，在“00:00:22:07”处将音频素材一分为二，如图 4-3-30 所示。

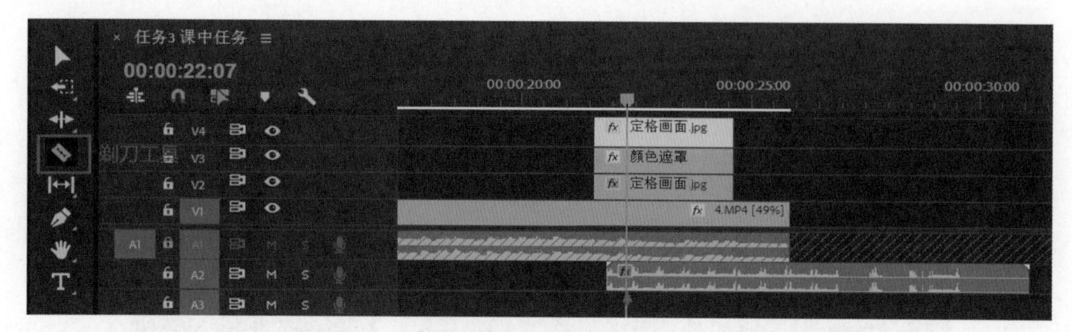

图 4-3-30　拆分音频

（9）使用“选择”工具选中右边不要的片段，直接按删除键删除，如图 4-3-31 所示。

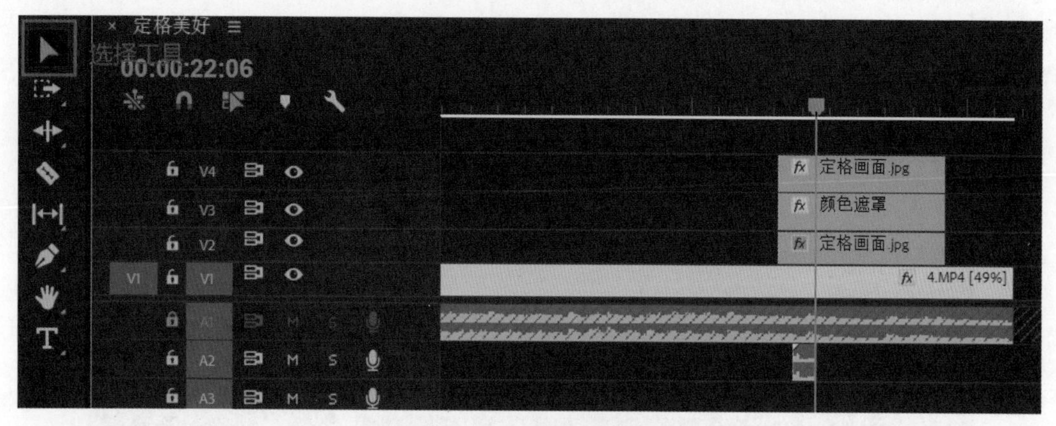

图 4-3-31　删除不要的音频片段

九、导出视频

（1）设置导出视频的入点与出点，如图 4-3-32 所示。

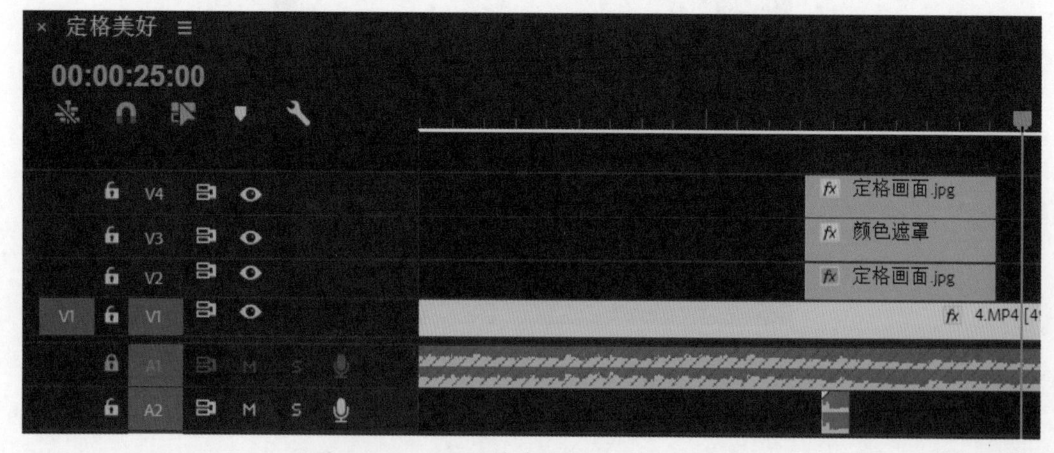

图 4-3-32　设置导出视频的入点与出点

（2）依次单击“文件”|“导出”|“ 媒体”选项，弹出“导出设置”对话框。在“源范围”中选择“序列切入/序列切出”选项，在“格式”选项的下拉列表中选择“H.264”选项，在“预设”选项的下拉列表中选择“匹配源 - 高比特率”选项，在“输出名称”文本框中输入文件名并设置文件的保存路径，勾选“导出视频”复选框和“导出音频”复选框。

（3）设置完成后，单击“导出”按钮，即可导出所设置的 MP4 格式影片。

任务自测

在线测试

任务评价

评价项目	评价内容	自我评价等级				
		优	良	中	较差	差
知识评价	能够掌握在监视器面板中编辑素材的操作					
	能够掌握在“时间轴”面板中编辑素材的操作					
	能够掌握三点编辑与四点编辑					
	能够掌握视频素材的去抖稳定处理操作					
	能够掌握视频素材速度的调整与处理					
	能够掌握定格帧的使用					
技能评价	具有独立完成在“时间轴”面板编辑素材的能力					
	具有独立完成处理视频素材稳定性与速度的能力					
	具有独立完成定格画面的能力					
	具有知识迁移的能力					
创新素质评价	能够清晰有序地梳理与实现任务					
	能够挖掘出课本之外的其他知识与技能					
	能够利用其他方法来分析与解决问题					
	能够进行数据分析与总结					
	能够养成精益求精的剪辑态度					
	能够诚信对待作业原创性问题					
课后建议及反思						

任务拓展

文本资料：创建新元素

微课视频：创建新元素

案例演示：制作电影遮幅效果

任务 4 视频转场

任务导入

春风吹拂，校园景色无限好。“湘果工作室”团队想制作一个展现校园美景的短视频，但如果直接将素材片段拼接起来，整体呈现的视频有些生硬，不够美观。于是他们又想到了一个新的技能，那就是视频转场。视频转场指视频中段落与段落、场景与场景、镜头与镜头之间的切换或过渡。

利用所提供的校园美景视频素材与音频素材，在 Premiere 软件中完成短视频效果的剪辑，设置不同的视频过渡效果，最后生成一段时长为40秒、分辨率为1920像素*1080像素、25帧/秒、格式为 MP4 格式的视频文件。

任务分析

（1）依次单击“图形”|“新建图层”|“矩形”选项，绘制一个矩形，并通过“效果控件”面板进行参数设置，实现白色相册边框的效果。

（2）使用“裁剪”视频效果对视频素材的显示区域进行调整与控制。

（3）通过在“效果控件”面板对“边框角”的缩放与旋转值进行调整，实现左、右、上、下四个位置边框角的效果。

（4）使用“高斯模糊”视频效果使背景图片呈现模糊状态。

（5）通过在视频片段的开头或结尾，或者两个视频片段之间应用不同的“视频过渡”过渡效果，实现不同转场效果。

（6）使用 “文字”工具，在每段视频片段下方添加相应的文案，在“效果控件”面板中设置字体、字号、位置、字距、颜色等参数，并且为文字添加不同的“视频过渡”过渡效果，实现不同转场效果。

（7）添加音频素材，并选择“效果”面板中“音频过渡”中的“指数淡化”效果使音频呈现淡出效果。

知识准备

文本资料：视频转场

微课视频：转场特效设置

微课视频：高级转场特效

任务 4 演示视频

任务 4 视频效果

任务实施

一、新建项目与导入素材

（1）新建项目文件：启动 Premiere 软件，弹出“开始”界面，单击“新建项目”按钮，弹出“新建项目”对话框，设置“位置”选项，选择保存文件的路径，注意最好不要选择系统盘。在“名称”文本框中输入文件名“项目四 任务 4 视频转场”（用户可以另取其他文件名），单击“确定”按钮，完成项目文件的创建。

（2）依次单击“文件”|“导入”选项，或者直接按“Ctrl+I”组合键，弹出“导入”对话框，选择“素材”文件夹中的音频与视频素材文件，单击“导入文件夹”按钮，将此文件夹中的所有素材导入素材箱中。

（3）新建主序列：依次单击“文件”|“新建”“序列”选项，或者直接按“Ctrl+N”组合键，弹出“新建序列”对话框，在左侧的列表中选择“AVCHD 1080P25”选项，输入主序列名称“校园之美”，单击“确定”按钮，完成序列文件的创建。

二、绘制边框效果

（1）新建序列：依次单击“文件”|“新建”|“序列”选项，或者直接按“Ctrl+N”组合键，弹出“新建序列”对话框，在左侧的列表中选择“AVCHD 1080P25”选项，输入序列名称“边框”，单击“确定”按钮，完成序列文件的创建。

（2）绘制矩形：依次单击“图形”|“新建图层”|“矩形”选项，在 V1 视频轨道“00:00:00:00”处插入一个矩形图形，调整大小至合适尺寸，设置“效果控件”中的参数为 20 像素的白色描边，填充色无，如图 4-4-1 所示。

此时，在 V1 视频轨道上会显示“图形”，“节目”面板预览效果如图 4-4-2 所示。

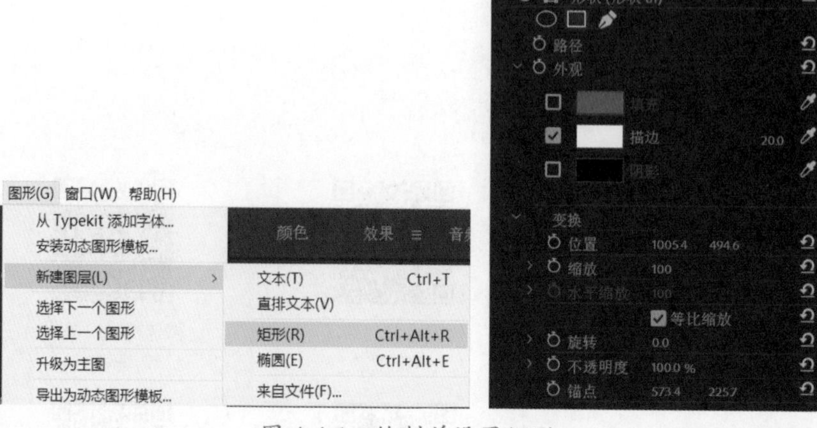

图 4-4-1 绘制并设置矩形

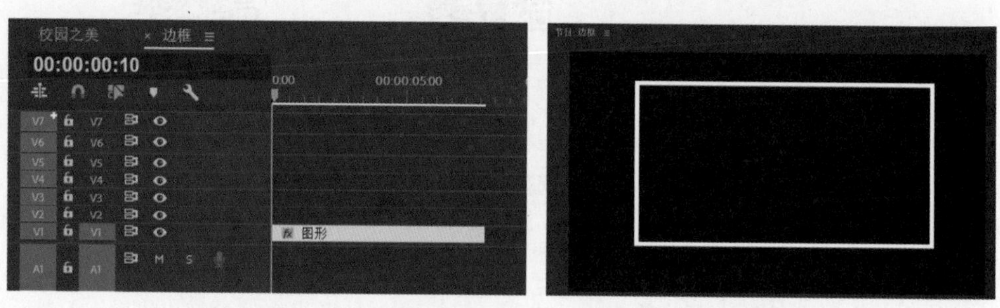

图 4-4-2 “时间轴”面板与“节目”面板预览效果

(3) 添加左上角边框角：将“项目”面板上的“边框角”拖到 V2 视频轨道“00:00:00:00”处，在其上右击选择“重命名”选项，将“边框角”改名为“左上角”，如图 4-4-3 所示。

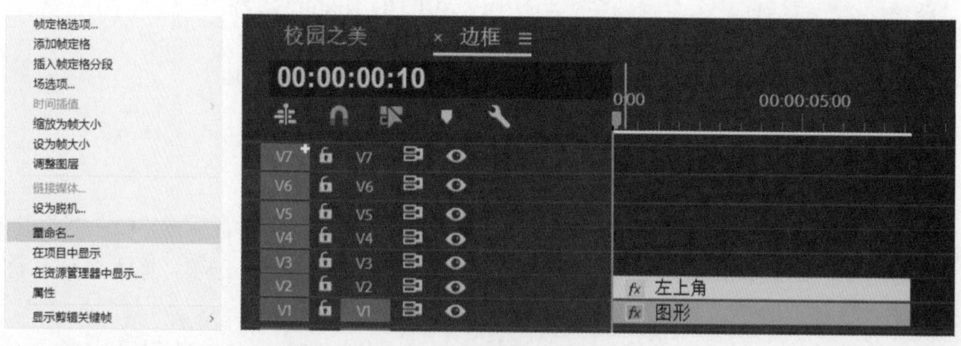

图 4-4-3 插入“边框角”并重命名

选中“左上角”，在“效果控件”面板中设置参数，位置为（398，220）、缩放值为“22”、旋转值为“0° ”。在“节目”面板的预览效果如图 4-4-4 所示。

(4) 添加左下角边框角：选中“左上角”，按住 Alt 键，将其拖曳至 V3 视频轨道上，重命名为“左下角”；选中“左下角”，在“效果控件”面板中设置参数，位置为（398，780）、缩放值为“22”、旋转值为“270°”，在“节目”面板预览效果，如图 4-4-5 所示。

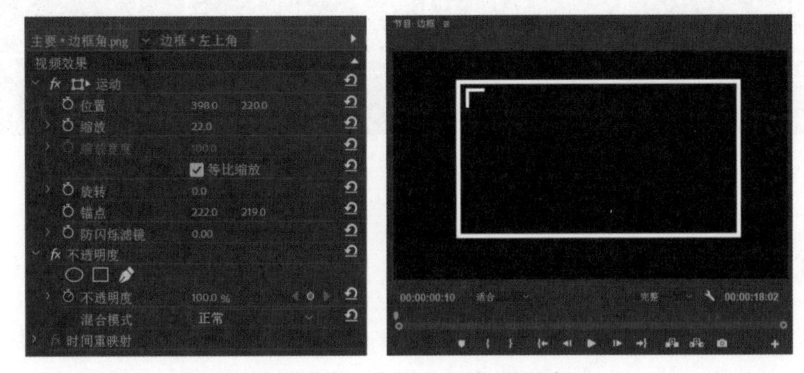

图 4-4-4　添加左上角边框角

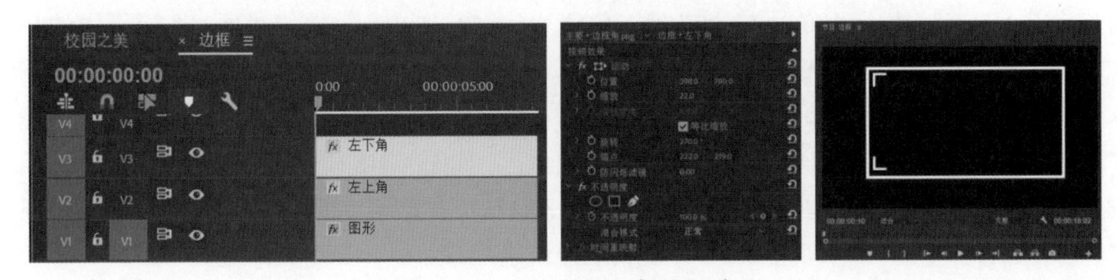

图 4-4-5　添加左下角边框角

（5）添加右上角边框角：选中“时间轴”上的“左上角”，按住 Alt 键，将其拖曳至 V4 视频轨道上，重命名为“右上角”；选中“右上角”，在“效果控件”面板中设置参数，位置为（1588，220）、缩放值为“22”、旋转值为“90°”，在“节目”面板中预览效果，如图 4-4-6 所示。

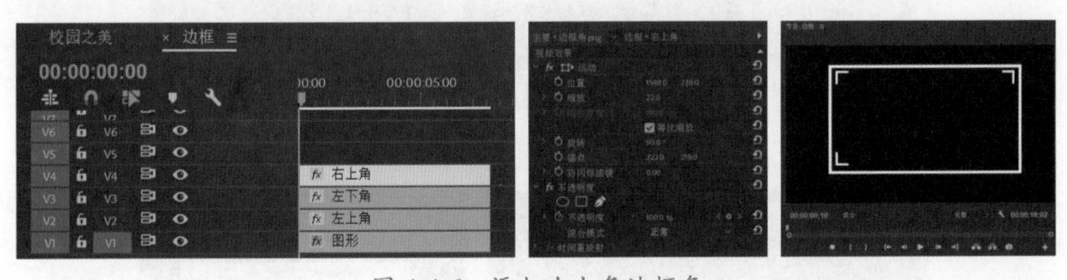

图 4-4-6　添加右上角边框角

（6）添加右下角边框角：选中“左上角”，按住 Alt 键，将其拖曳至 V5 视频轨道上，重命名为“右下角”；选中“右下角”，在“效果控件”面板中设置参数，位置为（1588，780）、缩放值为“22”、旋转值为“180°”，在“节目”面板中预览效果，如图 4-4-7 所示。

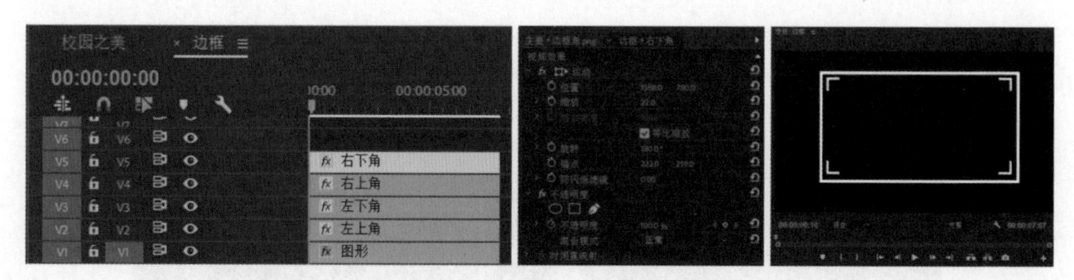

图 4-4-7　添加右下角边框角

三、编辑单个视频片段效果

（1）编辑“阳光片段”：依次单击“文件”|“新建”|“序列”选项，或者直接按“Ctrl+N”组合键，弹出“新建序列”对话框，在左侧的列表中选择“AVCHD 1080P25”选项，输入序列名称“阳光片段”，单击“确定”按钮，完成序列文件的创建。将“项目”面板上“边框”序列拖曳至 V2 视频轨道“00:00:00:00”处，位置为（960，540）。选择“项目”面板中的“阳光”视频素材，在“源”面板中设置入点与出点，选择合适长度的片段，单击“插入”按钮，将片段插入到 V1 视频轨道“00:00:00:00”处，保留了小鸟叽叽喳喳的声音。在“效果”面板中找到“裁剪”视频效果，将其拖曳至“阳光”视频片段上，如图 4-4-8 所示。在“效果控件”面板中调整参数，位置为（992.8，511.4），缩放值为“39.4”，“裁剪”视频效果的左侧“5%”、顶部“6%”、右侧“5%”、底部“8%”，使其刚好被边框覆盖住，如图 4-4-9 所示。

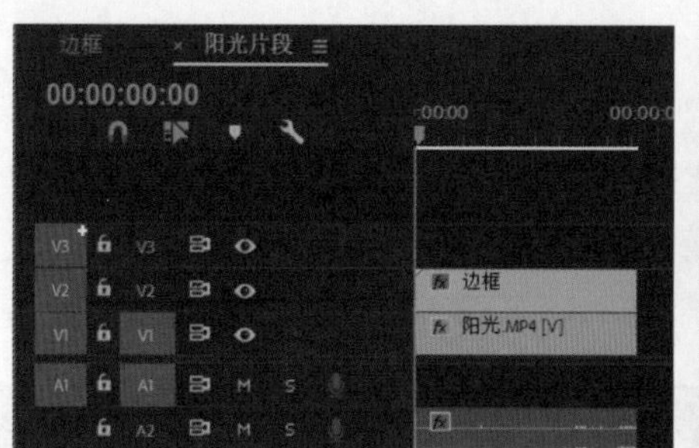

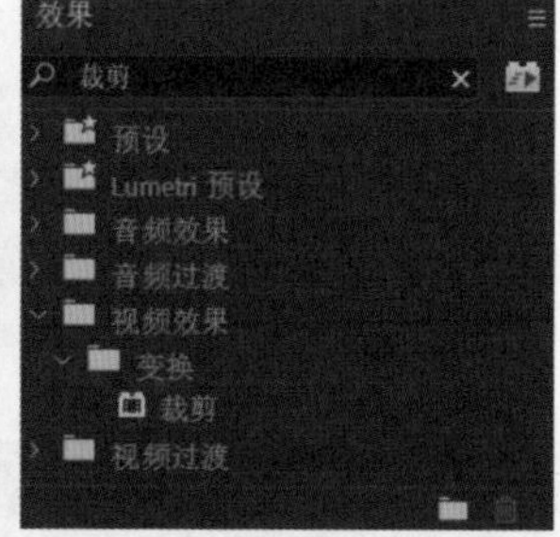

图 4-4-8　添加“裁剪”视频效果

图 4-4-9　编辑“阳光片段”（参数值仅供参考）

（2）新建其他片段序列：按照“阳光片段”序列创建的方法，新建“桂花片段”、“柳树片段”、“荷花片段”、“伞片段”、“篮筐片段”、“长椅片段”、“田径场片段”、“黄昏片段”、“白云片段”与“枫叶片段”等序列。

（3）编辑其他片段序列：按照“阳光片段”序列编辑的方法，编辑其他片段序列。在每个片段序列中，选择相应素材中合适长度的视频片段，单击“仅拖动视频”按钮，不要该素材中的音频内容，仅将视频内容插入至V1视频轨道。同时将“边框”序列拖曳至V2视频轨道，与V1视频轨道上素材的长度与位置相对应。每个片段中“边框”剪辑位置均为（960，540），视频片段的位置为（988.7，505.0），缩放值为“33.1”。其中编辑“黄昏”视频素材时，单独设置素材的“持续时间”为最大，实现快进效果，如图4-4-10所示。其中对“白云”视频素材稍微做了一些“裁剪”处理，具体参数为左侧为“0%”、顶部“3%”、右侧“0%”、底部“1%”，缩放值为“71”，如图4-4-11所示。

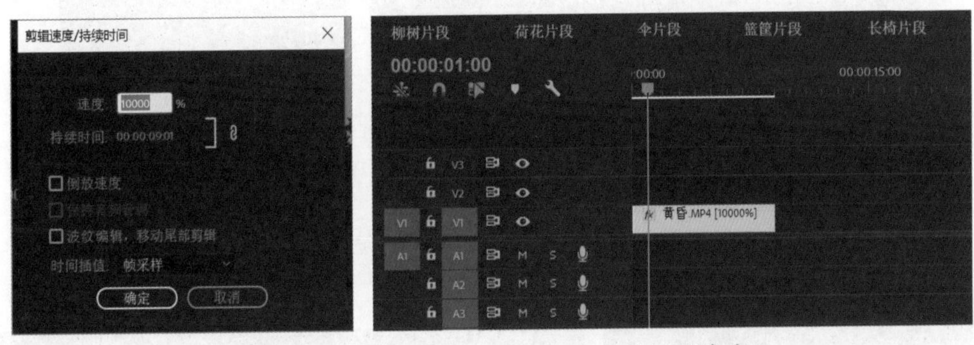

图4-4-10 编辑“黄昏片段”（参数值仅供参考）

图4-4-11 编辑“白云片段”（参数值仅供参考）

四、编辑转场效果

（1）编辑主序列：双击“项目”面板的主序列“校园之美”，在“时间轴”面板中编辑主序列。

（2）插入背景图片：选中“项目”面板中的“湖南商务职院 1”图片素材，将其拖曳至 V1 视频轨道“00:00:00:00”处，在素材结束处，按住鼠标光标将素材长度延长至“00:00:40:00”处，并在“效果控件”面板中设置缩放值，使其铺满整个画面。在“效果”面板中选中“高斯模糊”视频效果，如图 4-4-12 所示，将其拖曳至素材上，并对其进行参数设置，如图 4-4-13 所示。

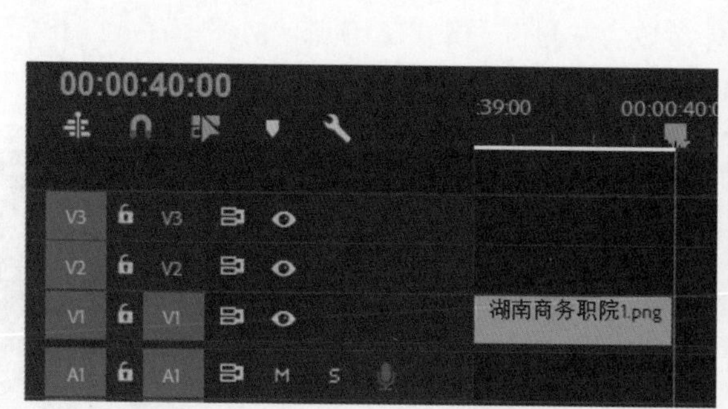

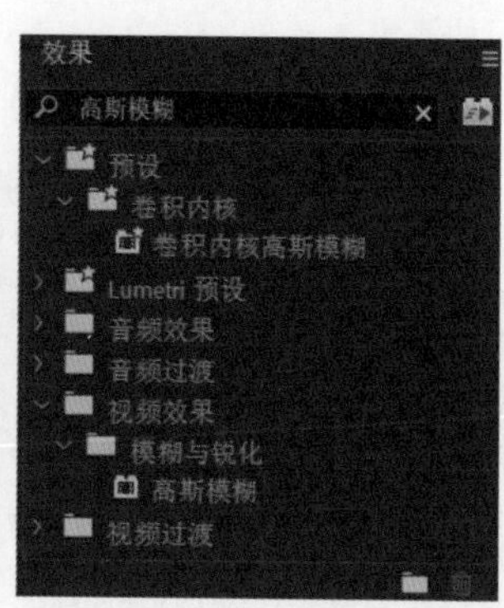

图 4-4-12　添加“高斯模糊”视频效果

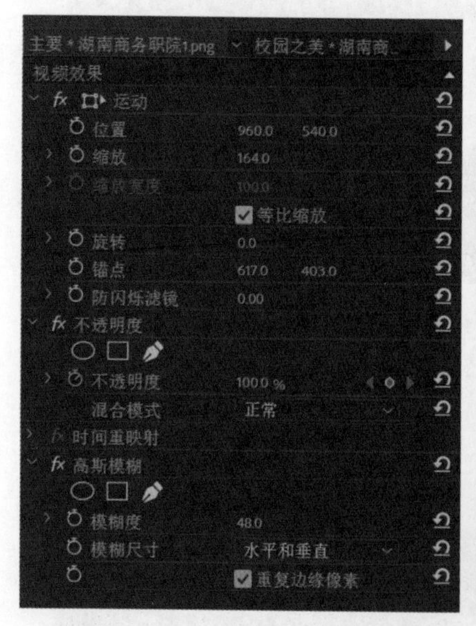

图 4-4-13　设置视频效果参数

（3）设置淡入效果：选择“效果”面板中“视频过渡”中的“交叉溶解”过渡效果，将其拖曳至时间轴上素材的开始位置，此时素材左侧就出现了“交叉溶解”过渡效果。单击选中“交叉溶解”，可以在“效果控件”面板中设置“交叉溶解”过渡效果的持续时间，如图 4-4-14 所示。

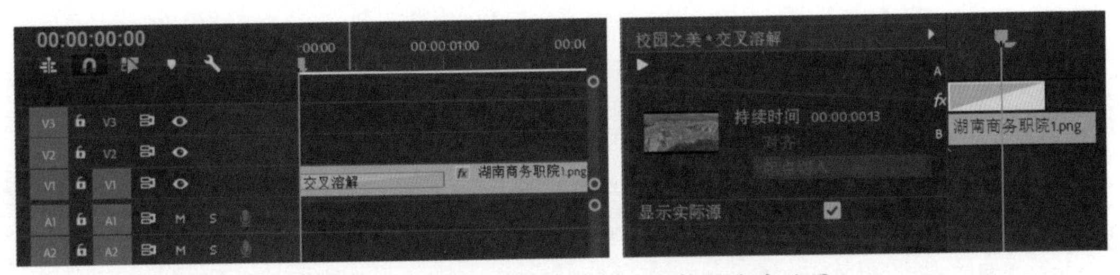

图 4-4-14 添加与设置“交叉溶解”过渡效果

（4）插入“阳光片段”序列并设置过渡效果：选中“项目”面板中的“阳光片段”序列，单击“时间轴”面板上的“将序列作为嵌套或个别剪辑插入并覆盖”按钮，将“阳光片段”序列插入到时间轴 V2 视频轨道的“00:00:00:10”处。选择“效果”面板中“视频过渡”中的“叠加溶解”过渡效果，如图 4-4-15 所示。将“叠加溶解”拖曳至“阳光片段”的开始与结束位置，单击选中“叠加溶解”，可以在“效果控件”面板中设置持续时间与切片方式，如图 4-4-16 所示。

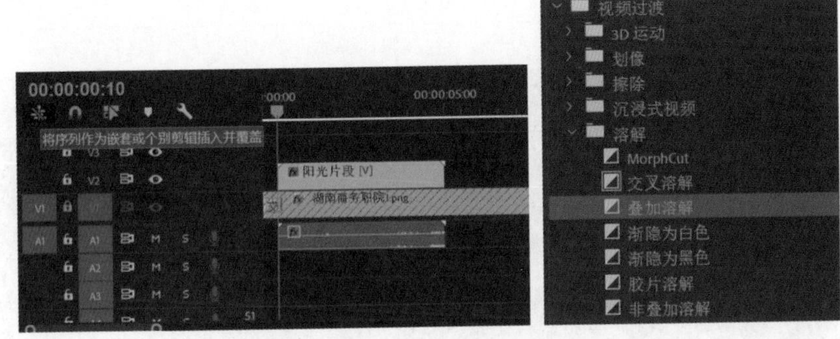

图 4-4-15 添加“叠加溶解”过渡效果

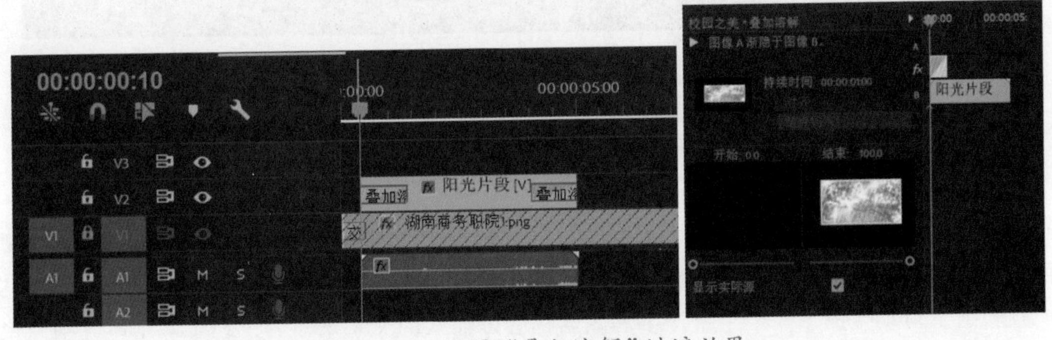

图 4-4-16 设置“叠加溶解”过渡效果

（5）插入其他片段并设置过渡效果，视频片段过渡效果如表 4-4-1 所示，也可以根据素材自行调整。

（6）给所有片段加上视频过渡效果后，时间轴效果如图 4-4-17 所示。

表 4-4-1　视频片段过渡效果 (V2 视频轨道)

片段名称	起始帧	结束帧	起始过渡效果	结束过渡效果
阳光片段	00:00:00:10	00:00:05:00	叠加溶解	叠加溶解
桂花片段	00:00:05:05	00:00:07:00	推	
柳树片段	00:00:07:05	00:00:09:00	叠加溶解	渐隐为白色
荷花片段	00:00:09:05	000:00:13:00	胶片溶解	叠加溶解
伞片段	00:00:13:05	00:00:15:00	交叉缩放	渐隐为白色
篮筐片段	00:00:15:05	00:00:17:00	翻页	渐隐为白色
长椅片段	00:00:17:05	00:00:19:00	翻转	翻转
田径场片段	00:00:19:05	00:00:21:00	划出	
黄昏片段	00:00:21:05	00:00:28:00	立方体旋转	
白云片段	00:00:28:05	00:00:30:00	交叉溶解	
枫叶片段	00:00:30:05	00:00:33:00	交叉溶解	渐隐为白色

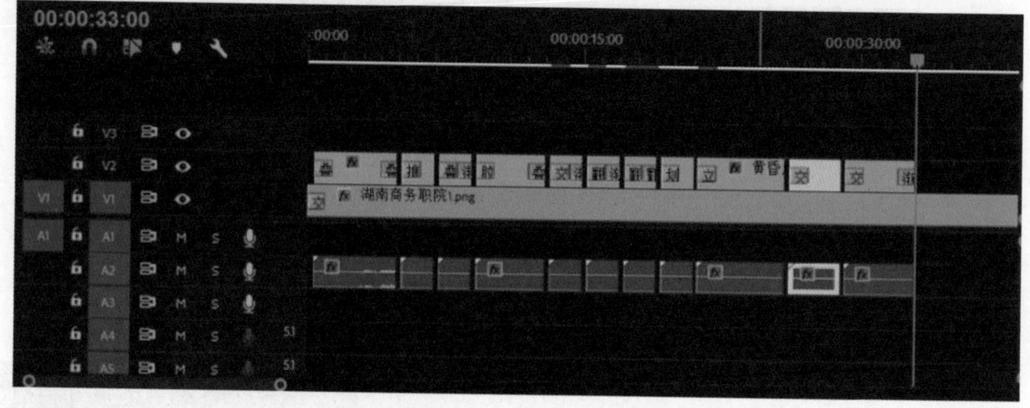

图 4-4-17　时间轴效果

五、添加文字效果

（1）将时间轴播放器移至“00:00:00:10”处，选择 “文字”工具，将鼠标光标定位在“节目”面板上，输入文案“清晨的第一缕阳光　透过树叶的缝隙”，此时在“时间轴”面板的 V3 视频轨道上自动生成了一个字幕，字幕的名称会以输入的文字来命名。在字幕结尾处拖曳鼠标，将其长度延长至“00:00:04:00”处，使其与 V2 视频轨道上的“阳光片段”匹配。选择“效果”面板中“视频过渡”中的“叠加溶解”过渡效果，将其拖曳至 V3 视频轨道字幕的开始位置，此时字幕左侧就出现了“叠加溶解”过渡效果，如图 4-4-18 所示。

（2）选中字幕，在“效果控件”面板中设置字体、字号、位置、字距、颜色等参数，如图 4-4-19 所示。

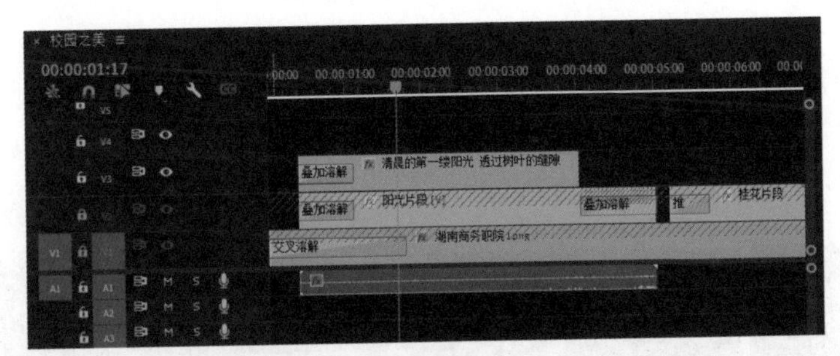

图 4-4-18 添加“叠加溶解”过渡效果

图 4-4-19 设置字幕效果参数

（3）按照以上方法，添加其他片段对应的文案信息，文字过渡效果如表 4-4-2 所示，也可以根据素材自行调整。

表 4-4-2 文字过渡效果

文案	起始帧	结束帧	起始过渡	结束过渡
清晨的第一缕阳光 透过树叶的缝隙	00:00:00:10	00:00:04:00	叠加溶解	叠加溶解
黄色花瓣在树梢间轻轻摇曳	00:00:05:05	00:00:07:00	推	
柳枝跳起了欢快的舞蹈	00:00:07:05	00:00:09:00	叠加溶解	
荷花露出灿烂的笑容	00:00:09:05	00:00:13:00	叠加溶解	叠加溶解
小雨伞在波光粼粼间旋转	00:00:13:18	00:00:15:00		
运动中绽放青春	00:00:15:05	00:00:17:00	叠加溶解	
长椅安静地伫立着	00:00:17:13	00:00:19:00	叠加溶解	
田径场敞开着怀抱	00:00:19:05	00:00:21:00	叠加溶解	
落日余晖映彩霞 别有一番风味	00:00:22:05	00:00:28:00	叠加溶解	
蓝天白云间 思绪在流淌	00:00:28:05	00:00:30:00	叠加溶解	
又是一场美好的相遇	00:00:30:05	00:00:33:00	叠加溶解	渐隐成白色

（4）将时间轴播放器移至“00:00:33:05”处，选择“文字”工具，将鼠标光标定位在“节目”面板上，输入文案“愿——岁月前行时光依旧不负青春”，并在结尾处拖曳鼠标，使字幕延长

至“00:00:40:00”处。选中字幕，在“效果控件”面板中设置字体、字号、位置、字距、颜色、描边、阴影等参数。选择“效果”面板中“视频过渡”中的“立方体旋转”过渡效果，将其拖曳至时间轴上“文字图形”的开始位置，此时字幕左侧就出现了“立方体旋转”过渡效果，如图 4-4-20 所示。

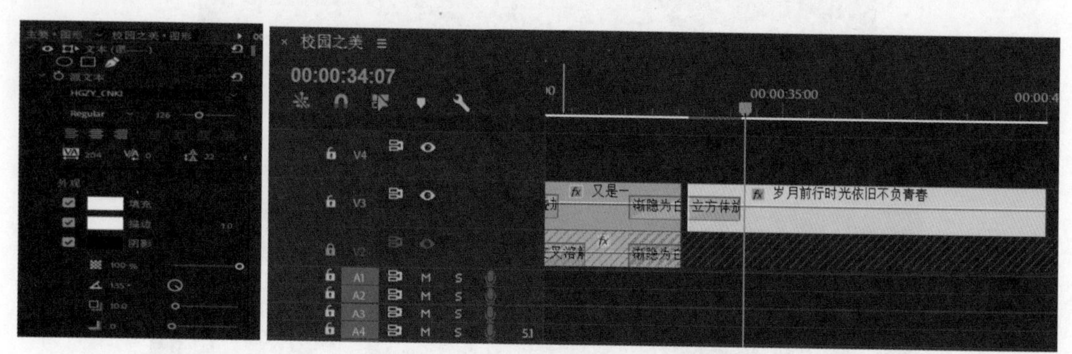

图 4-4-20　设置片尾文字效果

（5）添加完文字后，时间轴与节目窗口预览效果如图 4-4-21 所示。

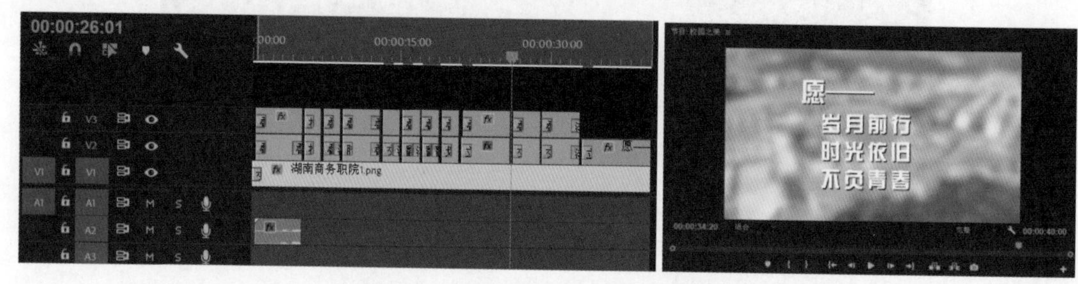

图 4-4-21　时间轴与节目窗口预览效果

六、添加音频并导出视频

（1）在“项目”面板中选中“1.mp3”音频素材，将其拖曳至“时间轴”面板中的 A1 音频轨道上的“00:00:00:00”处。将时间轴播放器移至“00:00:40:00”处，选择工具窗口中的“剃刀”工具，在音频素材上单击，然后将多余的音频删除，如图 4-4-22 所示。

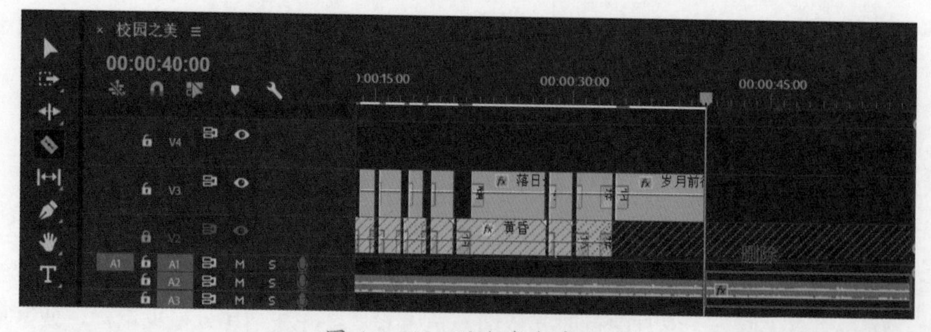

图 4-4-22　删除多余音频

（2）选择“效果”面板中“音频过渡”中的“指数淡化”过渡效果，将其拖曳至时间轴上音频结束位置，此时音频呈现淡出效果，如图 4-4-23 所示。

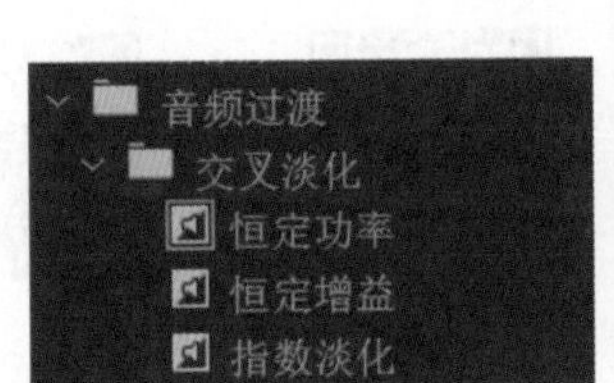

图 4-4-23 添加“音频过渡”效果

（3）设置导出视频的入点（00:00:00:00）与出点（00:00:40:00），依次单击“文件”|“导出”|“媒体”选项，弹出“导出设置”对话框，在“输出名称”文本框中输入文件名“校园之美 .mp4”，并设置文件的保存路径，勾选“导出视频”复选框和“导出音频”复选框。单击“导出”按钮，即可导出所设置的 MP4 格式影片。

任务自测

在线测试

任务评价

评价项目	评价内容	自我评价等级				
		优	良	中	较差	差
知识评价	能够掌握添加与设置转场					
	能够掌握不同转场方式的操作					
	能够掌握视频过渡预设效果的使用					
技能评价	具有独立完成视频过渡效果添加与设置的能力					
	具有独立完成音频过渡效果添加与设置的能力					
	具有独立完成文字转场效果添加与设置的能力					
	具有知识迁移的能力					
创新素质评价	能够清晰有序地梳理与实现任务					
	能够挖掘出课本之外的其他知识与技能					
	能够利用其他方法来分析与解决问题					
	能够进行数据分析与总结					
	能够养成精益求精的剪辑态度					
	能够诚信对待作业原创性问题					
课后建议及反思						

任务拓展

文本资料:“亮度键”转场与“变速”转场

案例演示:“亮度键”转场

案例演示:“变速”转场

任务 5 视频效果

任务导入

“湘果工作室”又有了新的努力目标，如果能够让文字或图片在画面中运动起来，实现素材的大小缩放与位置移动等参数的变化，那所制作出来的视频一定是更精彩吧!

分屏多画面效果是通过将一个屏幕分为两个或多个，同时展现在观众面前，通过添加关键帧，实现动画效果。本任务利用所拍摄的校园美景视频素材，结合所提供的音频素材，在Premiere软件中完成短视频分屏动画效果的剪辑，最后生成一段分辨率为1920像素*1080像素、25帧/秒、格式为MP4格式的视频文件。视频效果如图4-5-1所示。

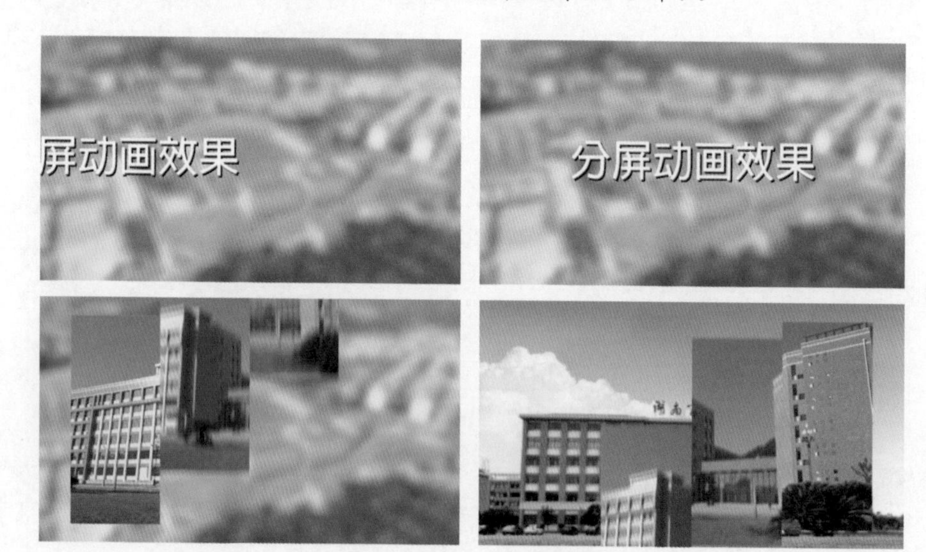

图 4-5-1　任务 5 视频效果

任务分析

（1）视频开头的文字动画从左往右慢慢进入画面，最后停留在画面的中间位置，设置“位置”前的“切换动画”图标，分别在不同位置添加关键帧，使其生成位置变化的动画效果。

（2）使用“基本图形”面板设置文字工具，设置字体、字号、填充、描边、阴影等参数，单击“水平居中对齐”与“垂直居中对齐”按钮，使文字在屏幕中居中对齐。

（3）分屏动画分为4个相等的画面，实现从上往下快速飞入的动画效果。应用“裁剪”视频效果实现分屏显示效果，利用“变换”视频效果中的位置关键帧实现飞入与飞出的动画效果。

（4）本任务采用主序列与子序列“分屏”相结合的方式，对序列进行编辑，将“分屏”子序列作为嵌套或个别剪辑插入并覆盖至主序列中。

（5）在动画效果区域插入“嗖”音频文件，增加动画的听觉效果，丰富视频表现形式，让内容更丰富、更有层次。

知识准备

文本资料：利用关键帧控制效果

微课视频：利用关键帧控制效果

微课视频：视频特效与特效操作

任务5演示视频

任务5视频效果

任务实施

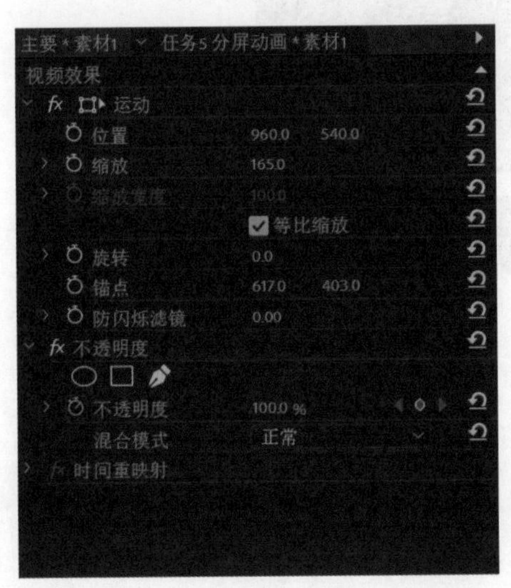

图4-5-2 设置“素材1”的缩放值

一、新建项目与设置背景模糊效果

（1）新建项目文件，完成项目文件“项目四 任务5分屏动画”与主序列“任务5分屏动画”的创建，选择“AVCHD 1080P25”选项；接着导入任务所需素材至素材箱中。

（2）将“素材1”拖入V1视频轨道，并设置缩放值为“165”，如图4-5-2所示。

（3）选择“效果”面板中的“高斯模糊”视频效果，将其添加到“素材1”上，设置模糊度为“40”，并勾选“重复边缘像素”复选框，如图4-5-3所示。

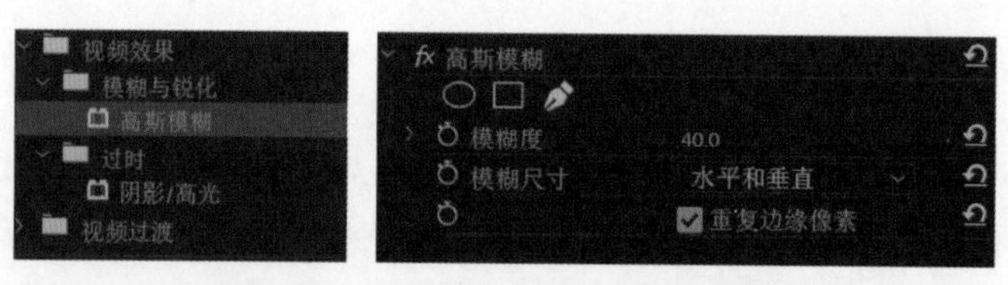

图 4-5-3　设置“素材 1”的模糊值

二、添加片头文字动画效果

（1）将时间轴播放器移至“00:00:00:00”处，选择“文字”工具，将鼠标光标定位在“节目”面板上，输入文案“分屏动画效果”，并在结尾处拖曳鼠标，使文字图形结尾缩至“00:00:00:20”处，如图 4-5-4 所示。

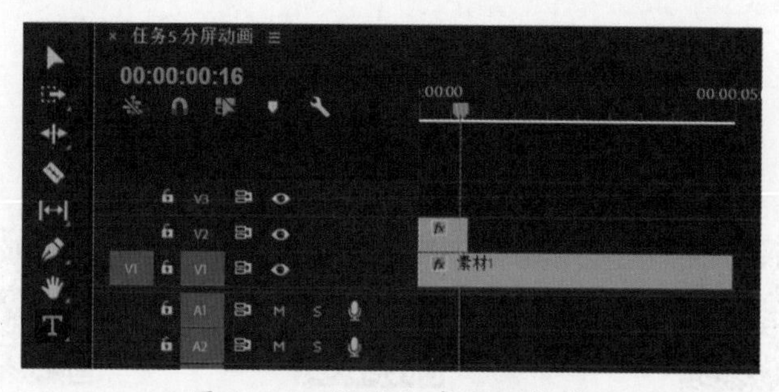

图 4-5-4　设置文字图形长度

（2）选中文字，在“基本图形”面板中设置字体、字号、填充、描边、阴影等参数，依次单击“水平居中对齐”按钮与“垂直居中对齐”按钮，使文字在屏幕中居中对齐，如图 4-5-5 所示。

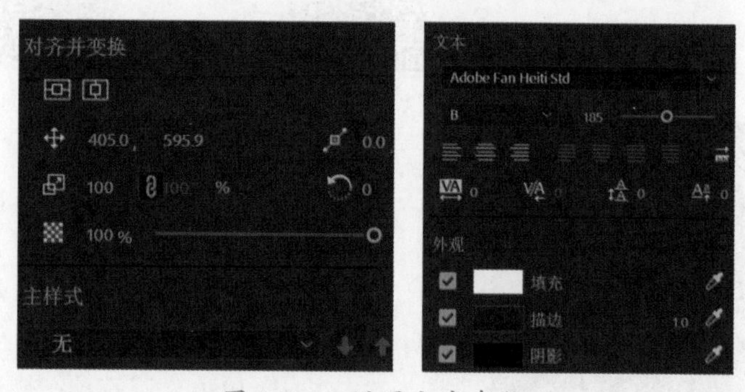

图 4-5-5　设置文字参数

（3）当前文字效果如图 4-5-6 所示。

（4）选中文字，将时间轴播放器移至“00:00:00:00”处，单击“效果控件”面板“位置”前的“切换动画”图标，设置位置为（-558，540）。将时间轴播放器移至“00:00:00:10”处，设置位置为（960，540），实现文字动画效果，如图 4-5-7 所示。

图 4-5-6 文字效果

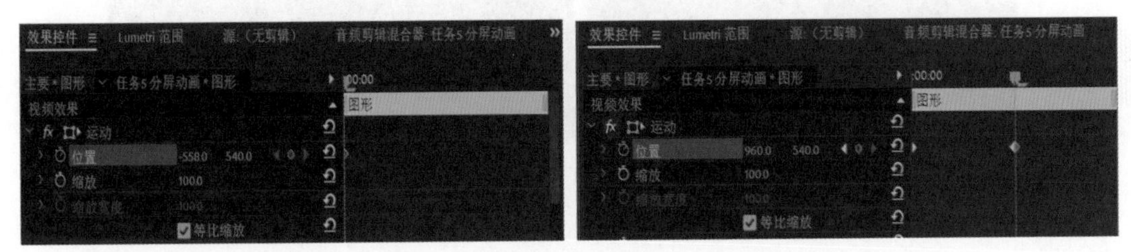

图 4-5-7 设置文字动画效果

三、制作分屏动画效果

（1）新建序列“分屏”，选择“AVCHD 1080P25”选项。将“素材 2”拖入 V1 视频轨道，并设置缩放值为“85”。按住 Alt 键，选中“素材 2”将其复制至 V2、V3 与 V4 视频轨道上。右击选择“重命名”选项，将 V1、V2、V3 与 V4 视频轨道上的“素材 2”分别重命名为“左 1 图”、“左 2 图”、“右 2 图”与“右 1 图”，如图 4-5-8 所示。

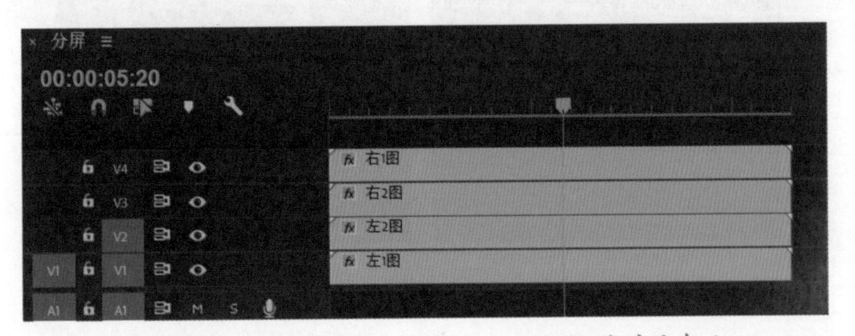

图 4-5-8 添加“素材 2”至 4 个视频轨道并重命名

（2）分别选择不同视频轨道上的素材，添加与设置其“裁剪”视频效果，“左 1 图”裁剪设置右侧“75%”，“左 2 图”裁剪设置左侧“25%”、右侧“50%”，“右 2 图”裁剪设置左侧“50%”、右侧“25%”，“右 1 图”裁剪设置左侧“75%”，如图 4-5-9 所示。

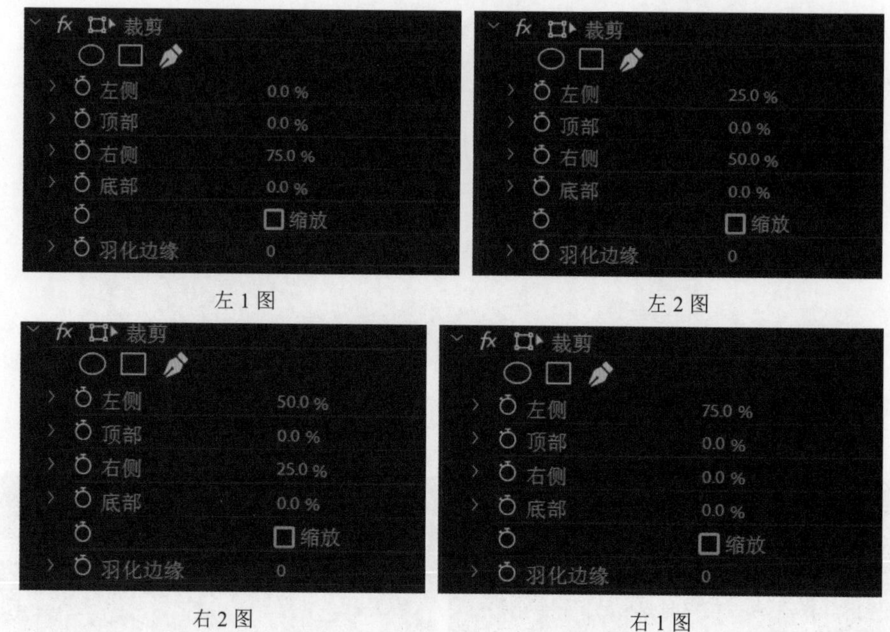

左 1 图　左 2 图

右 2 图　右 1 图

图 4-5-9　设置“裁剪”视频效果

（3）将“变换”视频效果应用至“左 1 图”素材上，将时间轴播放器移至“00:00:00:00”处，单击“效果控件”面板中“变换”视频效果中“位置”前的“切换动画”图标，设置位置为（960，-655），快门角度为“300”，取消勾选“使用合成的快门角度”复选框，如图 4-5-10 所示。

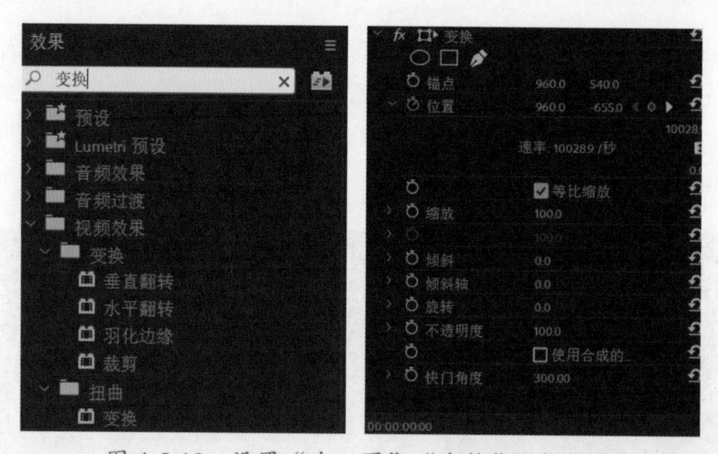

图 4-5-10　设置“左 1 图”“变换”视频效果

（4）将时间轴播放器移至“00:00:00:20”与“00:00:03:10”处，设置“变换”视频效果的位置参数为（960，540）；将时间轴播放器移至“00:00:04:15”处，设置“变换”视频效果的位置参数为（960，1718）；选择所有关键帧，右击选择“缓入”与“缓出”选项，并调整其差值曲线，如图 4-5-11 所示。

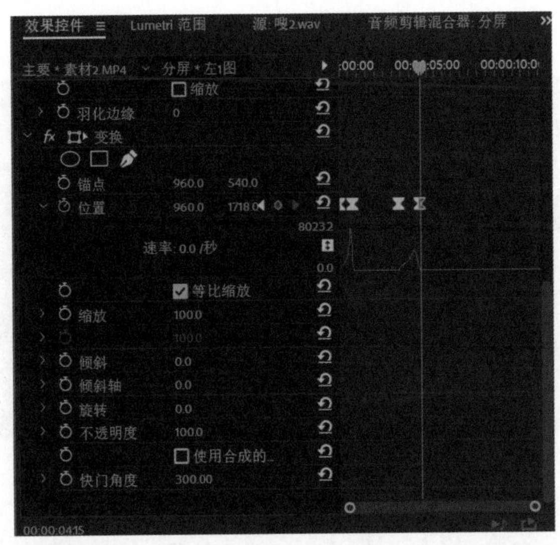

图 4-5-11 设置“变换”视频效果的差值曲线

（5）将“变换”视频效果应用至“左 2 图”素材上，将时间轴播放器移至“00:00:00:10”处，单击“效果控件”面板中“变换”视频效果中“位置”前的“切换动画”图标，设置位置为（960，-655），快门角度为“300”，取消勾选“使用合成的快门角度”复选框；将时间轴播放器移至“00:00:01:05”与“00:00:03:20”处，设置“变换”视频效果中“位置”为（960，540）；将时间轴播放器移至“00:00:05:00”处，设置“变换”视频效果的位置为（960，1718）；选择所有关键帧，右击选择“缓入”与“缓出”选项，并调整其差值曲线，如图 4-5-12 所示。

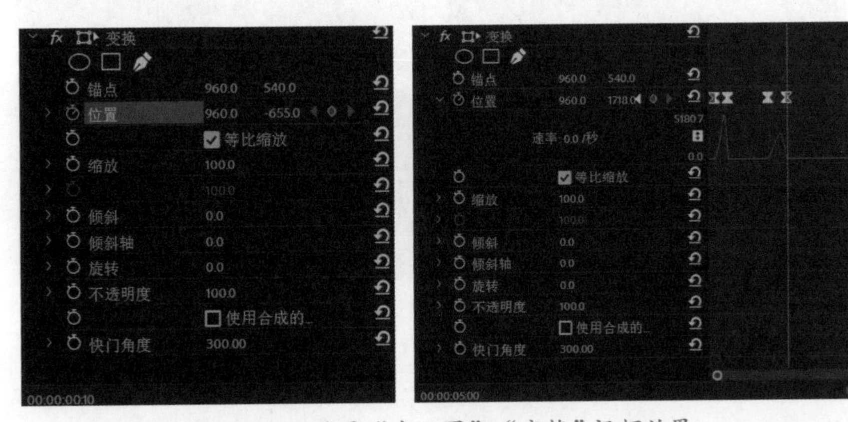

图 4-5-12 设置“左 2 图”“变换”视频效果

（6）将“变换”视频效果应用至“右 2 图”素材上，将时间轴播放器移至“00:00:00:20”处，单击“效果控件”面板中“变换”视频效果中“位置”前的“切换动画”图标，设置位置为（960，-655），快门角度为“300”，取消勾选“使用合成的快门角度”复选框；将时间轴播放器移至“00:00:01:15”与“00:00:04:05”处，设置“变换”视频效果的位置为（960，540）；将时间轴播放器移至“00:00:05:10”处，设置“变换”视频效果的位置为（960，1718）；选择所有关键帧，右击选择“缓入”与“缓出”选项，并调整其差值曲线。如图 4-5-13 所示。

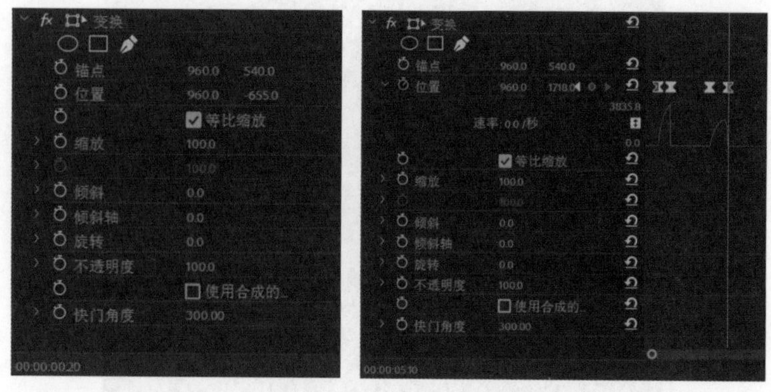

图 4-5-13　设置“右 2 图”“变换”视频效果

（7）将“变换”视频效果应用至“右 1 图”素材上，将时间轴播放器移至“00:00:01:05”处，单击“效果控件”面板中“变换”视频效果中“位置”前的“切换动画”图标，设置位置为（960，-655），快门角度为“300”，取消勾选“使用合成的快门角度”复选框；将时间轴播放器移至“00:00:02:00”与“00:00:04:15”处，设置“变换”视频效果中“位置”为（960，540）；将时间轴播放器移至“00:00:05:20”处，设置“变换”视频效果的位置为（960，1718）；选择所有关键帧，右击选择“缓入”与“缓出”选项，并调整其差值曲线，如图 4-5-14 所示。

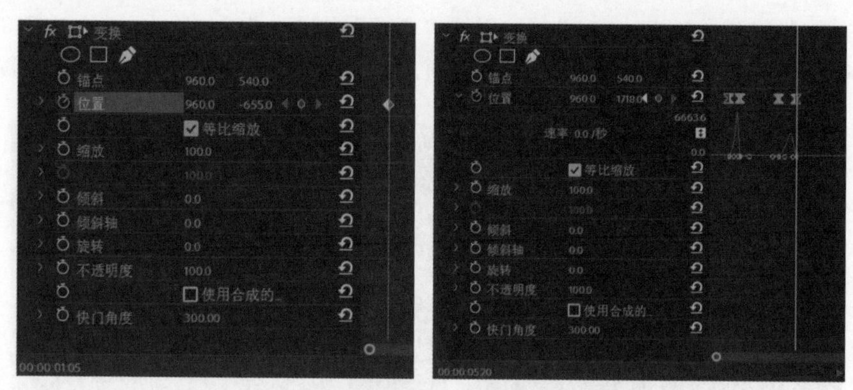

图 4-5-14　设置“右 1 图”“变换”视频效果

（8）此时分屏动画预览效果如图 4-5-15 所示。

图 4-5-15　预览效果

四、编辑主序列效果

（1）在“项目”面板中打开主序列“任务 5 分屏动画”，单击“将序列作为嵌套或个别剪辑插入并覆盖”按钮，如图 4-5-16 所示。

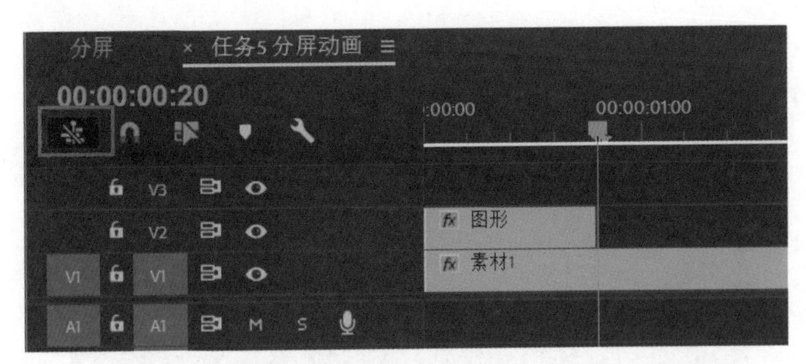

图 4-5-16 单击“将序列作为嵌套或个别剪辑插入并覆盖”按钮

（2）将序列“分屏”插入到 V2 视频轨道的“00:00:00:20”处；将“素材 3”插入到 V1 视频轨道的“00:00:02:15”处，并调整其长度至“00:00:06:15”处，调整图片缩放值，使其铺满全屏，如图 4-5-17 所示。

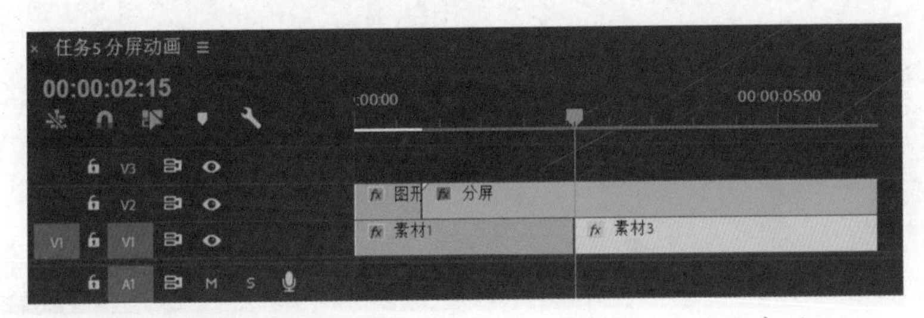

图 4-5-17 添加序列“分屏”与“素材 3”至主序列

（3）选中“素材 3”，将时间轴播放器移至 V1 视频轨道的“00:00:02:15”处，将“高斯模糊”视频效果应用到“素材 3”上。单击“效果控件”面板“高斯模糊”视频效果中“模糊度”前的“切换动画”图标，设置“00:00:02:15”处的模糊度为“40”，设置“00:00:04:00”处的模糊度为“0”，如图 4-5-18 所示，此时我们会发现“素材 3”产生了一个模糊度从大至小的动画效果。

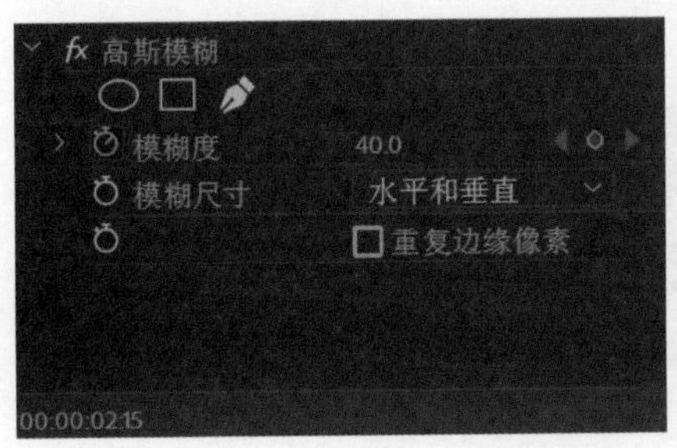

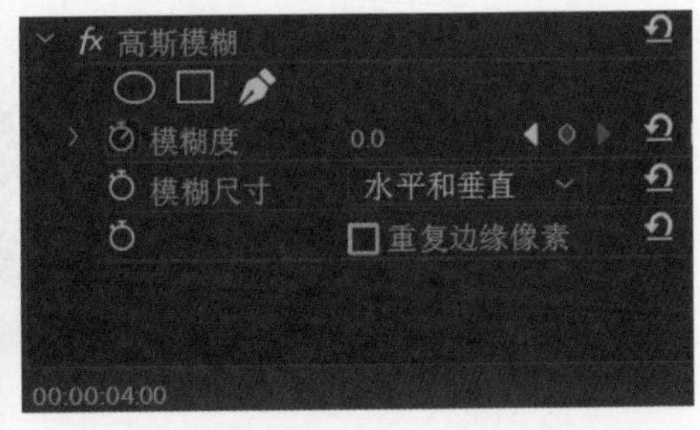

图 4-5-18 设置“素材 3”的动画效果

五、添加音频并导出视频

（1）双击“项目”面板中的“嗖 1.wav”文件，在“源”面板中选择部分音频片段，将其直接拖曳至 A1 音频轨道的“00:00:00:20”处，如图 4-5-19 所示。

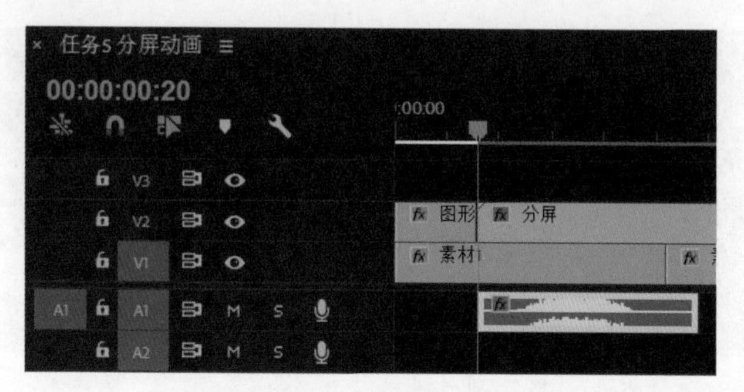

图 4-5-19　添加“嗖 1.wav”文件

（2）双击“项目”面板中的“嗖 2.wav”文件，在“源”面板中选择部分音频片段，将其直接拖曳至 A1 音频轨道的“00:00:04:05”处，如图 4-5-20 所示。

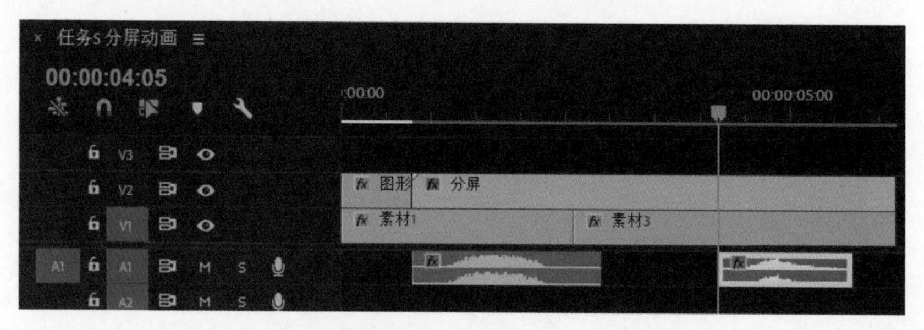

图 4-5-20　添加“嗖 2.wav”文件

（3）设置导出视频的入点（00:00:00:00）与出点（00:00:06:15），依次单击“文件”|“导出”|“媒体”选项，弹出“导出设置”对话框。设置完成后，单击“导出”按钮，即可导出所设置的 MP4 格式影片。

任务自测

在线测试

任务评价

评价项目	评价内容	自我评价等级				
		优	良	中	较差	差
知识评价	能够掌握添加与删除关键帧操作					
	能够掌握“变换”视频效果的使用					
	能够掌握“高斯模糊”视频效果的使用					
	能够掌握“裁剪”视频效果的使用					
	能够掌握“效果控件”面板参数的设置操作					
技能评价	具有独立完成关键帧动画添加与设置的能力					
	具有通过“效果控件”面板添加动画效果的能力					
	具有独立完成文字动画效果添加与设置的能力					
	具有独立完成图片动画效果添加与设置的能力					
	具有独立完成视频动画效果添加与设置的能力					
	具有知识迁移的能力					
创新素质评价	能够清晰有序地梳理与实现任务					
	能够挖掘出课本之外的其他知识与技能					
	能够利用其他方法来分析与解决问题					
	能够进行数据分析与总结					
	能够养成精益求精的剪辑态度					
	能够诚信对待作业原创性问题					
课后建议及反思						

任务拓展

文本资料：制作描边弹出效果

案例演示：制作描边弹出效果

文本资料：制作3D相册效果

案例演示：制作3D相册效果

任务6 颜色校正与合成

任务导入

在视频编辑过程中，所拍摄的素材色彩有时候会达不到理想的状态，那么画面色彩的调整工作就显得尤为重要了。

“湘果工作室”团队的成员们看到自己拍摄的视频素材，总觉得有些单一。他们思考着，是否可以将这些素材制作成不同的风格呢，比如怀旧老电影风格、水墨画效果风格、电影感青橙色风格等，以增强视频画面在不同场景中的表现力和感染力。

任务分析

(1) 怀旧老电影风格（简称“怀旧老电影风”）主要使用“ProcAmp”效果调整图像的亮度、饱和度和对比度，使用“颜色平衡”效果降低图像中的部分颜色，使用老电影插件 DE_AgedFilm 制作老电影效果。

(2) 水墨画效果风格（简称“水墨画效果”）使用“黑白”效果将彩色图像转换为灰度图像，使用“查找边缘”效果查找图像的边缘，使用“色阶”效果调整图像的亮度和对比度，使用“高斯模糊”视频效果制作图像的模糊效果。

(3) 电影感青橙色风格（简称“电影感青橙色”）是一种流行的电影色调风格，主要通过适当的冷暖色对比，使画面更具质感和通透感，利用“Lumetri 颜色”面板进行一级调色与二级调色。

知识准备

文本资料：调色与合成

微课视频：调色特效

微课视频：“Lumetri 颜色”面板

微课视频：“Lumetri 范围”面板

微课视频：合成

任务实施

新建项目文件，完成项目文件“项目四 任务 6 颜色校正与合成”与主序列“任务 6 颜色校正与合成”的创建，并将任务所需素材导入至素材箱中。

一、怀旧老电影风调色

（1）安装老电影插件 DE_AgedFilm。老电影插件 DE_AgedFilm 可以改变素材刮痕、尘埃、色彩和抖动等参数，使用起来非常方便、实用，且安装起来也很容易，只要把 DE_AgedFilm.AEX 复制到 X:/Program Files/Adobe/Adobe Premiere Pro CC/Plug-ins/Common 即可，如图 4-6-1 所示。

任务 6 演示视频

任务 6 视频效果

电脑 › Windows (C:) › Program Files › Adobe › Adobe Premiere Pro CC 2018 › Plug-ins › Common

名称	修改日期	类型	大小
CinemaDNGSourceSettings.aex	2017/10/4 4:50	AEX 文件	46 KB
CineonEffect.aex	2017/10/4 4:50	AEX 文件	46 KB
Circle.aex	2017/10/4 4:50	AEX 文件	32 KB
Color_Balance_2.aex	2017/10/4 4:50	AEX 文件	35 KB
Color_Emboss.aex	2017/10/4 4:50	AEX 文件	33 KB
Color_HLS.aex	2017/10/4 4:50	AEX 文件	28 KB
Color_Key.aex	2017/10/4 4:50	AEX 文件	30 KB
ColorsQuad.aex	2017/10/4 4:50	AEX 文件	32 KB
Compound_Arith.aex	2017/10/4 4:50	AEX 文件	28 KB
Compound_Blur.aex	2017/10/4 4:50	AEX 文件	41 KB
Corner_Pin.aex	2017/10/4 4:50	AEX 文件	68 KB
DE_AgedFilm.AEX	2013/10/23 14:10	AEX 文件	1,824 KB
DeviceControlFirewire.prm	2017/10/4 4:50	PRM 文件	231 KB
Difference.aex	2017/10/4 4:50	AEX 文件	28 KB
DirectionalBlur.aex	2017/10/4 4:50	AEX 文件	37 KB
DPXSourceSettings.aex	2017/10/4 4:50	AEX 文件	53 KB
Drop_Shadow.aex	2017/10/4 4:50	AEX 文件	36 KB
Dust.aex	2017/10/4 4:50	AEX 文件	77 KB
DVControl.dll	2017/10/4 4:50	应用程序扩展	130 KB

图 4-6-1 安装老电影插件

（2）新建序列“怀旧老电影风”，选中素材箱的“1.mp4”素材，选择合适长度的视频片段，将其拖曳至 V1 视频轨道的“00:00:00:00”处，如图 4-6-2 所示。

图 4-6-2 添加素材至 V1 视频轨道

(3) 选择“效果”面板中的“颜色平衡”效果，将其拖至“1.mp4”素材上，在“效果控件”面板中，对“颜色平衡”效果进行参数设置，如图 4-6-3 所示，预览效果如图 4-6-4 所示。

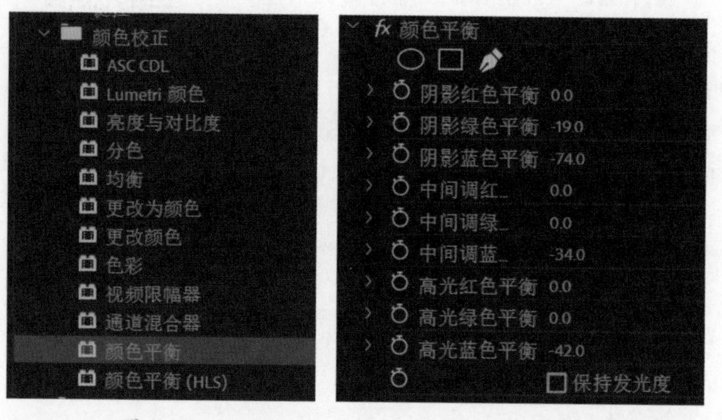

图 4-6-3　添加与设置“颜色平衡”效果

图 4-6-4　预览效果

(4) 选择“效果”面板中的“ProcAmp”效果，将其拖至“1.mp4”素材上，在“效果控件”面板中，对“ProcAmp”效果进行参数设置，如图 4-6-5 所示。

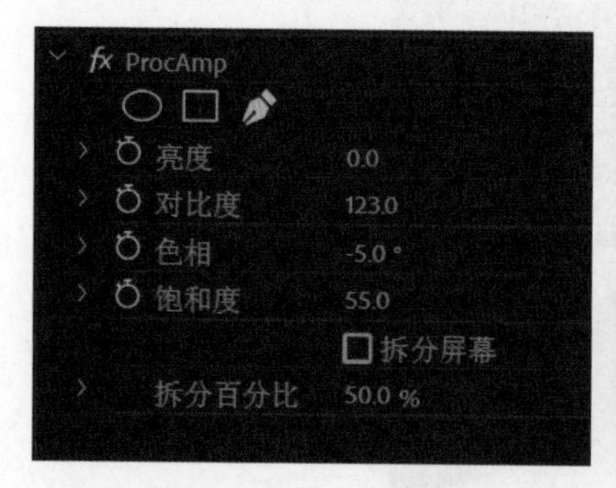

图 4-6-5　添加与设置“ProcAmp”效果

(5) 单击“效果”面板“视频效果”文件夹的“Digieffects Damage v2.5”子文件夹，可以看到老电影插件 DE_AgedFilm 已经安装成功了，如图 4-6-6 所示。将“DE_AgedFilm”效果拖至“1.mp4”素材上，在“效果控件”面板中，对“DE_AgedFilm”效果进行参数设置，预览效果显示怀旧老电影效果已经制作完成，如图 4-6-7 所示。

图 4-6-6 老电影插件 DE_AgedFilm 安装成功

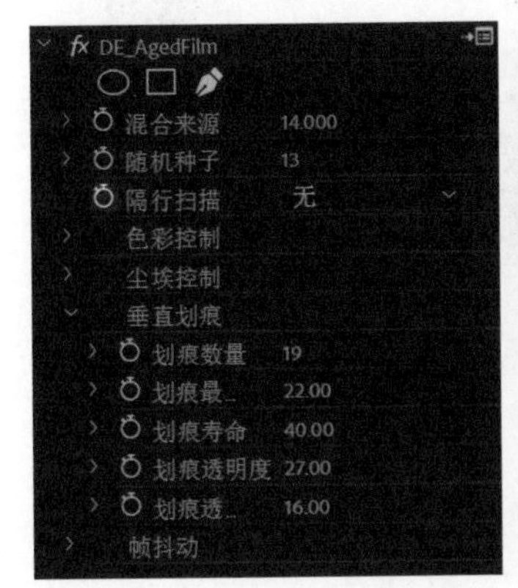

图 4-6-7 设置“DE_AgedFilm”效果

（6）在“时间轴”面板中按住“Alt”键的同时拖动视频素材，将视频素材复制一份到 V2 视频轨道上。用“剃刀”工具截断 V2 视频轨道素材的前半部分并删除，在 V2 视频轨道素材的入点处添加“划出”过渡效果。在“效果控件”面板中将过渡效果的持续时间设置为 2 秒，设置边框宽度为“20”，边框颜色为“白色”，如图 4-6-8 所示。

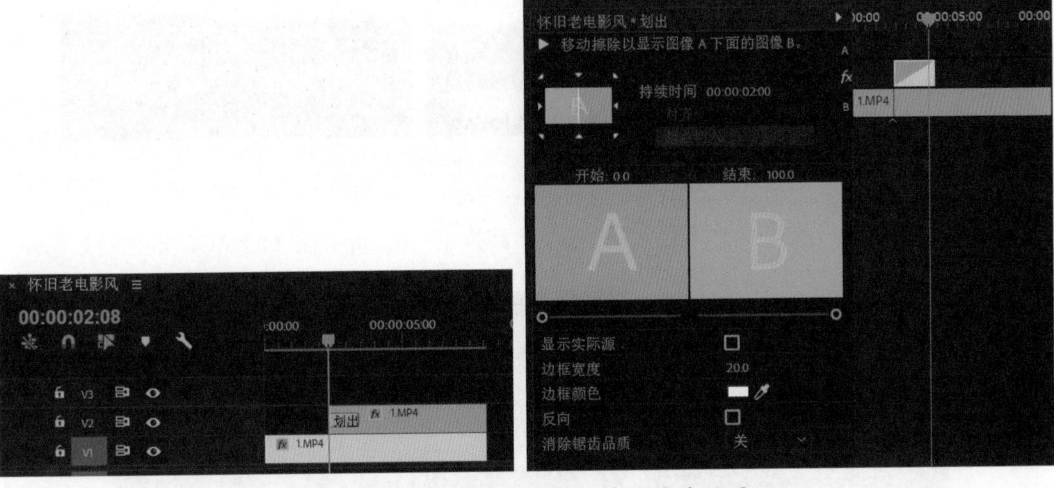

图 4-6-8 添加与设置“划出”过渡效果

（7）在“效果控件”面板中，关闭 V1 视频轨道中所有之前设置的调色效果，此时 V1 视频轨道中视频素材又回到了调色前状态，预览视频素材调色前后效果，如图 4-6-9 所示。

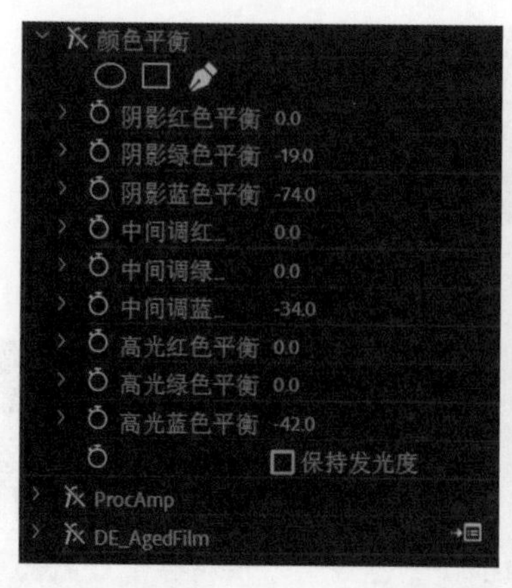

图 4-6-9　预览视频素材调色前后效果

二、水墨画效果调色

（1）新建序列“水墨画效果”，单击素材箱的“2.mp4”素材，选择合适长度的视频片段，将其拖曳至 V1 视频轨道的“00:00:00:00”处，弹出“剪辑不匹配警告”对话框，单击“保持现有设置”按钮，在不改变序列设置情况下，将“2.mp4”素材放置在 V1 视频轨道上。在“效果控件”面板设置“2.mp4”素材的缩放值为“50”，使其全屏显示至屏幕中，如图 4-6-10 所示。

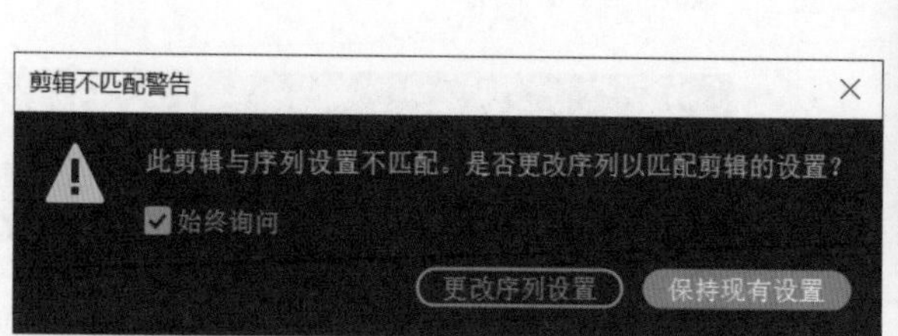

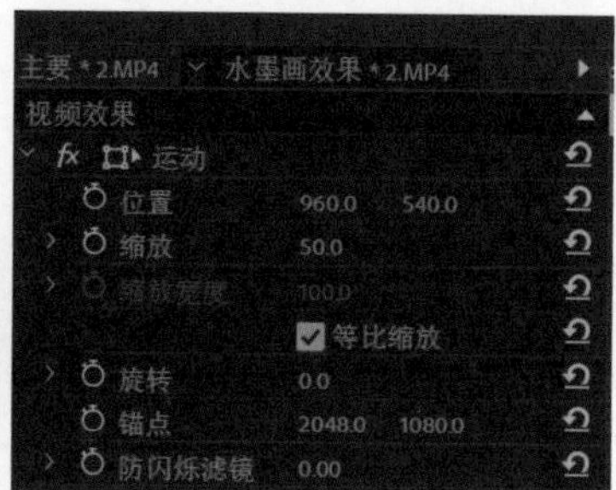

图 4-6-10　设置素材缩放值

（2）选择“效果”面板中的“黑白”效果，将其拖至“02.mp4”素材上，如图 4-6-11 所示。

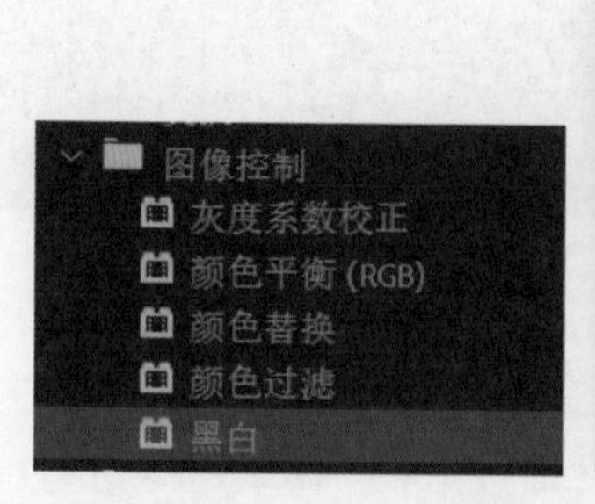

图 4-6-11　添加“黑白”效果

（3）选择“效果”面板中的“查找边缘”效果，将其拖至“02.mp4”素材上，在“效果控件”面板中，对“查找边缘”效果进行参数设置，设置“与原始图像”选项为“38%”，如图 4-6-12 所示。预览效果如图 4-6-13 所示。

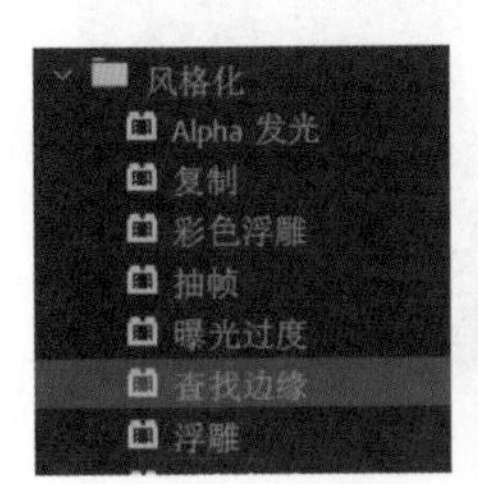

图 4-6-12 添加与设置“查找边缘”效果

图 4-6-13 预览效果

（4）选择“效果”面板中的“色阶”效果，将其拖至“02.mp4”素材上，在“效果控件”面板中，对“色阶”效果进行参数设置，如图 4-6-14 所示。预览效果如图 4-6-15 所示。

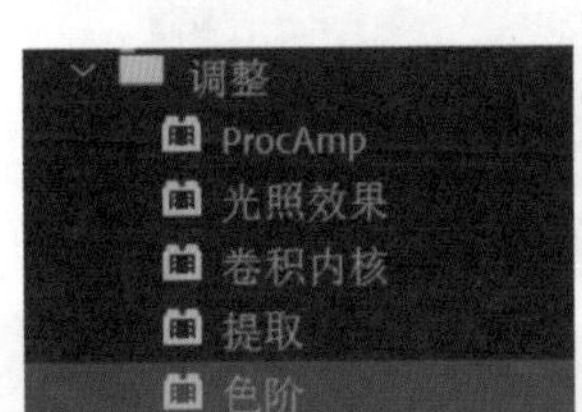

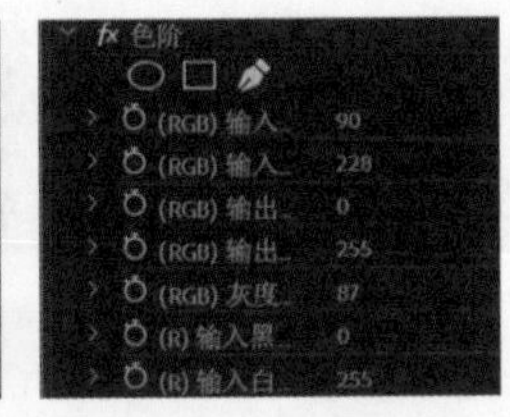

图 4-6-14 添加与设置“色阶”效果

图 4-6-15 预览效果

（5）选择“效果”面板中的“高斯模糊”视频效果，将其拖至“02.mp4”素材上，在“效果控件”面板中，对“高斯模糊”视频效果进行参数设置，如图 4-6-16 所示。

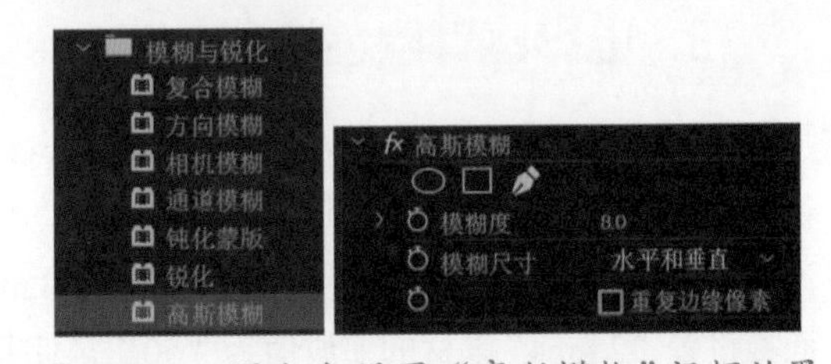

图 4-6-16 添加与设置“高斯模糊”视频效果

（6）在“时间轴”面板中按住“Alt”键的同时拖动视频素材，将视频素材复制一份到 V2 视频轨道上。用“剃刀”工具截断 V2 视频轨道素材的前半部分并删除，在 V2 视频轨道素材的入点处添加“划出”过渡效果。在“效果控件”面板中将过渡效果的持续时间设置为 2 秒，设置边框宽度为“20”，边框颜色为“白色”，如图 4-6-17 所示。

（7）在“效果控件”面板中，关闭 V1 视频轨道中所有之前设置的调色效果，此时 V1 视频轨道中视频素材又回到了调色前状态，预览视频素材调色前后效果，如图 4-6-18 所示。

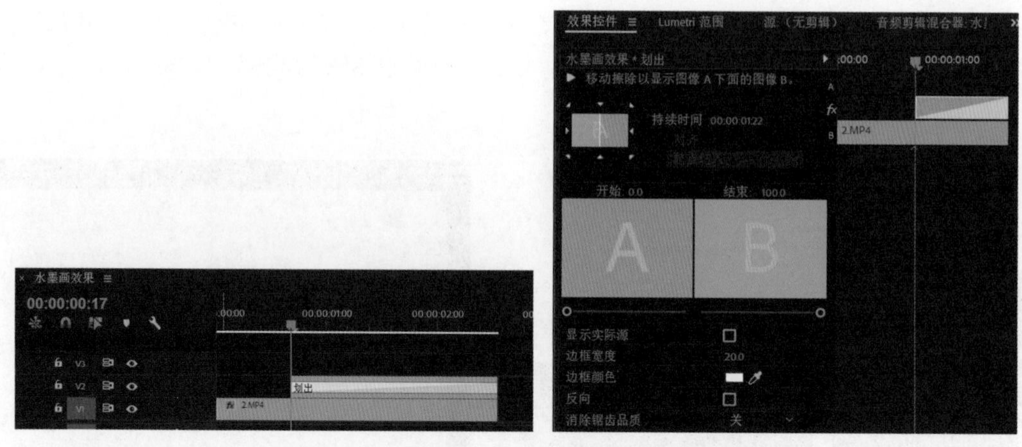

图 4-6-17　添加与设置“划出”过渡效果

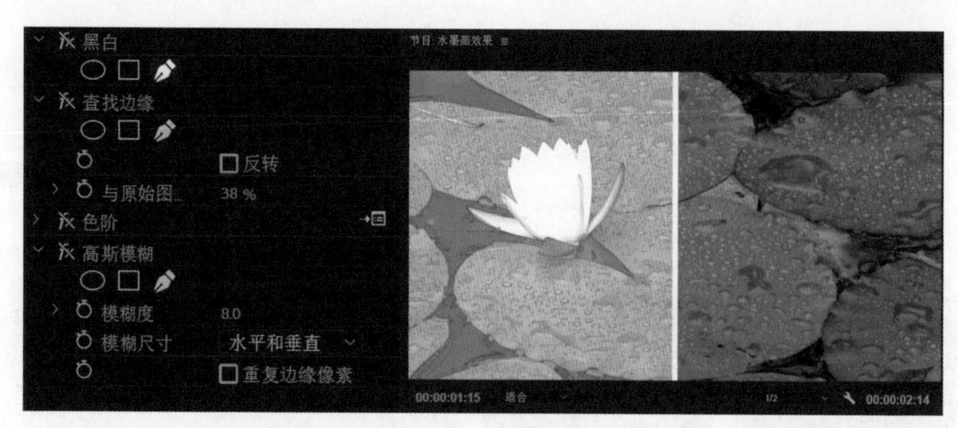

图 4-6-18　预览视频素材调色前后效果

三、电影感青橙色调色

（1）新建序列“电影感青橙色”，选中素材箱的“3.mp4”素材，选择合适长度的视频片段，将其拖曳至 V1 视频轨道的“00:00:00:00”处，弹出“剪辑不匹配警告”对话框，单击“保持现有设置”按钮，在不改变序列设置情况下，将“3.mp4”素材放置在 V1 视频轨道上。在“效果控件”面板设置“2.mp4”素材的缩放值为“50”，使其全屏显示至屏幕中，如图 4-6-19 所示。

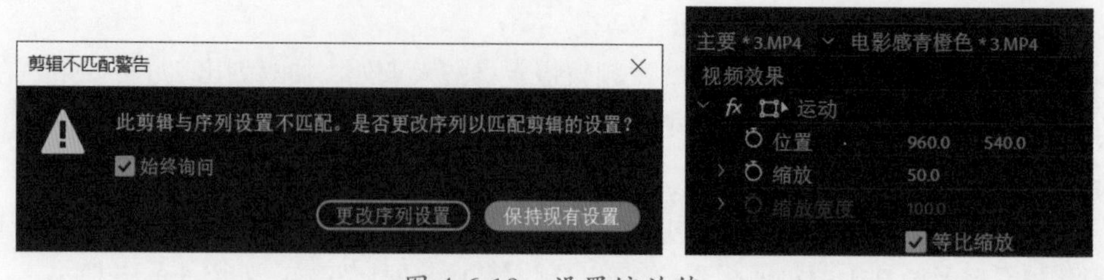

图 4-6-19　设置缩放值

（2）打开“Lumetri 颜色”面板，在“基本校正”功能区中调整对比度、高光、阴影等参数，进行一级调色，可在“Lumetri 范围”面板中观察色调的变化，如图 4-6-20 所示。

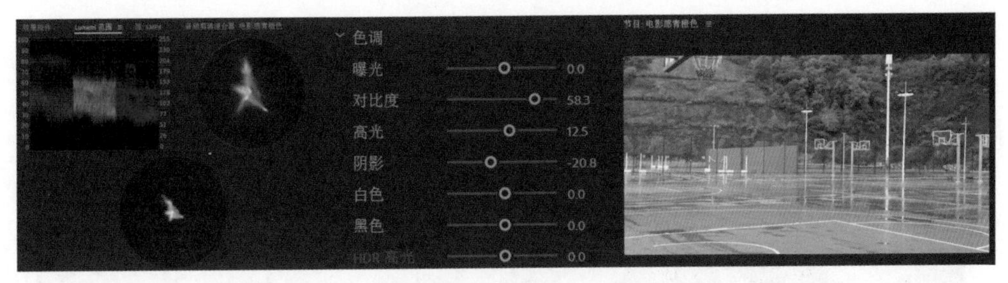

图 4-6-20　基本校正

（3）在“RGB 曲线”功能区中调整红、绿、蓝色曲线，增加对比度，如图 4-6-21 所示。

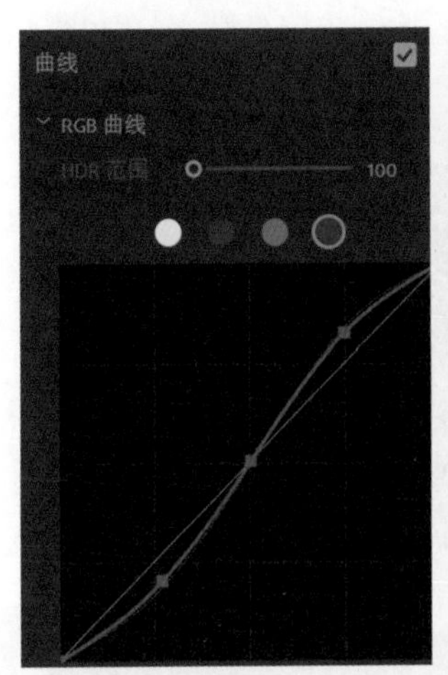

图 4-6-21　调整 RGB 曲线

（4）展开“色相饱和度曲线”功能区，通过控制色相饱和度曲线使素材中的橙色元素与青色元素饱和度更高，其他颜色略低，从而突出冷暖对比的效果，如图 4-6-22 所示。

图 4-6-22　调整色相饱和度曲线

（5）展开“色轮”功能区，将中间调和阴影色轮向青色调整，将高光颜色向橙色调整，如图 4-6-23 所示。

图 4-6-23 调整色轮

（6）展开“RGB 曲线”功能区，向下拖动白色曲线最右侧的控制点降低曝光，如图 4-6-24 所示通过预览，可以发现电影感青橙色效果已经完成。

图 4-6-24 再次调整 RGB 曲线

（7）在“Lumetri 颜色”面板中单击面板按钮，在弹出的菜单中可将当前的调色效果导出为 LUT 颜色预设文件，如图 4-6-25 所示。

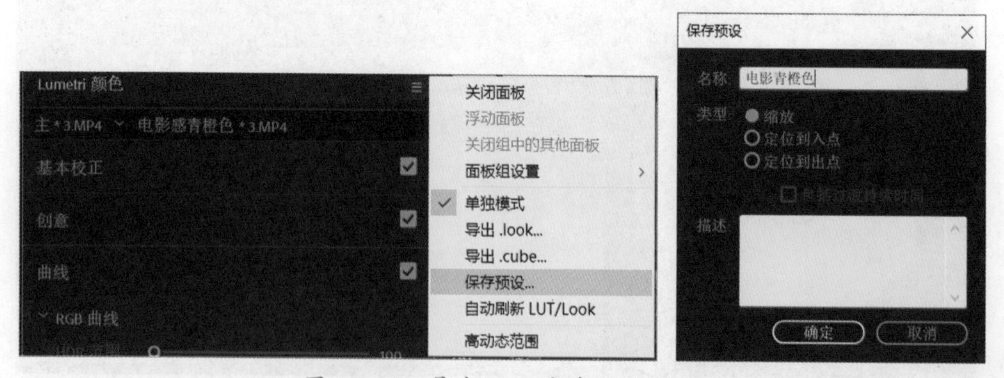

图 4-6-25 导出 LUT 颜色预设文件

（8）在“时间轴”面板中按住“Alt”键的同时拖动视频素材，将视频素材复制一份到 V2 视频轨道上。用“剃刀”工具截断 V2 视频轨道素材的前半部分并删除，在 V2 视频轨道素材的入点处添加“划出”过渡效果。在“效果控件”面板中将过渡效果的持续时间设置为 2 秒，设置边框宽度为“20”，边框颜色为“白色”，如图 4-6-26 所示。

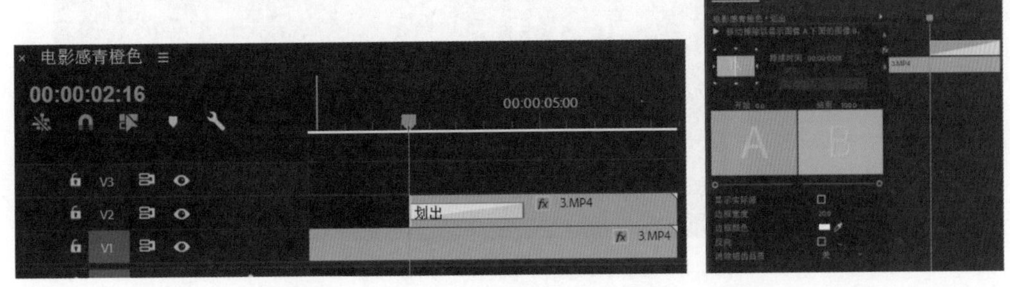

图 4-6-26　添加与设置“划出”过渡效果

（9）在“效果控件”面板中，关闭 V1 视频轨道中所有之前设置的调色效果，此时 V1 视频轨道中视频素材又回到了调色前状态，预览视频素材调色前后效果如图 4-6-27 所示。

图 4-6-27　预览视频素材调色前后效果

四、编辑主序列与导出视频

（1）双击“项目”面板中的主序列“任务 6 颜色校正与合成”，将“怀旧老电影风”、“水墨画效果”与“电影感青橙色”三个剪辑序列拖到“时间轴”面板的 V1 视频轨道上，选中各个视频片段，右击选择“取消链接”选项，取消音频与视频的链接关系，选取其中的音频文件删除，如图 4-6-28 所示。

图 4-6-28　添加剪辑序列到主序列

（2）将“背景音乐.mp3”素材拖曳至A1音频轨道上，利用“剃刀”工具删除多余的音乐。将“效果”中“恒定增益”音频过渡效果拖曳至音频的结束处，实现音乐淡出效果，如图4-6-29所示。

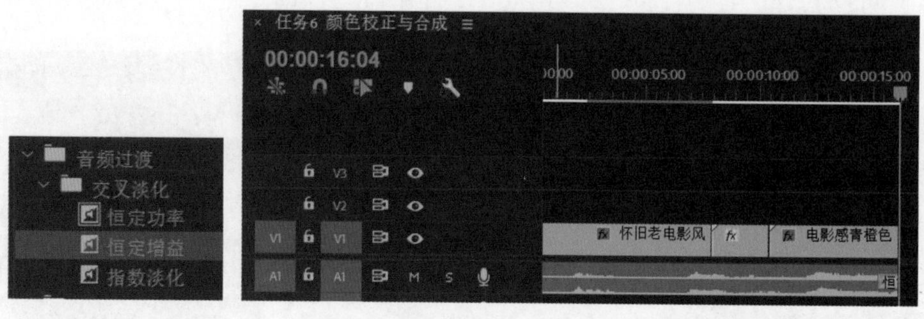

图 4-6-29　设置背景音乐

（3）使用 “文字”工具，在“时间轴”面板的V2视频轨道上添加文字内容，在“效果控件”面板对文本进行字体、字号、描边、阴影等效果的设置，图4-6-30效果仅供参考，大家可以自由发挥。

图 4-6-30　添加文字内容

（4）设置完成后，单击“文件”菜单中的“导出”按钮，导出所设置的MP4格式影片。

任务自测

在线测试

任务评价

评价项目	评价内容	自我评价等级				
		优	良	中	较差	差
知识评价	能够掌握调色效果的使用					
	能够掌握“Lumetri 颜色”面板的使用					
	能够掌握“Lumetri 范围”面板的使用					
	能够掌握效果控件面板的参数设置操作					
技能评价	具有独立使用调色效果完成素材色彩调整的能力					
	具有独立使用“Lumetri 颜色”面板完成调色的能力					
	具有独立使用“Lumetri 范围”面板观察调色的能力					
	具有知识迁移的能力					
创新素质评价	能够清晰有序地梳理与实现任务					
	能够挖掘出课本之外的其他知识与技能					
	能够利用其他方法来分析与解决问题					
	能够进行数据分析与总结					
	能够养成精益求精的剪辑态度					
	能够诚信对待作业原创性					
课后建议及反思						

任务拓展

文本资料：实现人物分身效果

案例演示：实现人物分身效果

文本资料：实现玻璃划过的动画效果

案例演示：实现玻璃划过的动画效果

任务 7 音频处理

任务导入

“叮铃铃——”从早晨第一声清脆的闹铃声开始，脚步声、流水声、说话声等各种声音就接连涌进我们的耳朵，除了睡觉的时候，我们几乎时时刻刻都能听到声音，感受着声音带来的美好与惊喜。

“湘果工作室”团队发现如果没声音，短视频中所要表达的情感表达不出来。声音是短视频中不可或缺的一部分，不同主题的短视频，要使用不同的背景音乐、音效、旁白和解说等手段来增加短视频的表现力。

本任务所要创作的短视频主要讲述的是小敏看着家乡热闹的过年氛围，想起了自己远在外地的好朋友小红，于是拿起手机，给对方打了一个电话，倾诉自己的思念。

表 4-7-1 为本任务分镜头脚本内容，脚本中的每个镜头长度仅供参考，在剪辑过程中可以根据素材的组接规律进行微调。本任务依据脚本的安排，利用创作团队所拍摄的 15 个素材，选取合适的背景音乐、电话拨号声、电话挂断声等音效，在 Premiere 软件中完成短视频与音频的编辑与处理，最后生成一段时长为 30 秒、分辨率为 1920 像素 *1080 像素、25 帧 / 秒、格式为 MP4 格式的视频文件。视频效果如图 4-7-1 所示。

表 4-7-1 分镜头脚本

镜号	画面	拍摄手法	景别	时长 / 秒	音效	音乐
1	静谧的乡村年味正浓，到处洋溢着迎接新年的喜悦	固定镜头	全景	3		背景音乐
2	主角静静地坐在院子里，看着远方	固定镜头	中景	1		
3	主角把正吃着的零食放到台子里，准备给好朋友小红打个电话	固定镜头	中景	2		
4	主角拿出手机，开始拨打电话	固定镜头	中景	1		
5	主观镜头显示主角正在拨打小红的电话，手机屏幕显示正在拨打电话的状态	固定镜头	特写	4	电话嘟嘟声	
6	电话接通了，主角轻轻地举起灯笼小挂件，对着电话里的小红说：“小红，今天过年，你还回不回家呀？”	固定镜头	中景	4		
7	画面显示灯笼小挂件特写，电话里传来小红说话的声音：“今年不回。”	固定镜头	近景	1		

续表

镜号	画面	拍摄手法	景别	时长 / 秒	音效	音乐
8	主角失落地放下灯笼小挂件，说道“这样啊！那好吧！你一个人在外面要记得好好照顾自己！”	固定镜头	近景	6		
9	主角拿着灯笼小挂件的手放了下来，电话里传来小红的声音：“我会好好照顾自己的！”	固定镜头	特写	3		
10	主角落寞地说：“嗯，好，再见！”电话里传来挂断的声音	固定镜头	中景	4	电话挂断声	
11	远处的青山似乎也在诉说着思念	摇镜头	全景	1		

图 4-7-1　视频效果

任务分析

（1）通过快捷键“M”为音频素材在音乐节奏点位置添加标记，方便视频素材与音频素材的同步匹配。

（2）利用“多频段压缩器”效果中的“提高人声”预设，让主角说话的声音更清晰。

（3）利用“多频段压缩器”效果中的“对讲机”预设，为小红说话的声音添加电话效果。

（4）利用“音频增益”选项增加音频信号的强度。

（5）通过添加电话等待音与电话挂断音等，增强视频声音的丰富性。

（6）通过在背景音乐片段上添加与调整“音频音量关键帧”，制作音量的调高与调低效果。

知识准备

文本资料：Premiere 软件中音频的处理

微课视频：认识音频轨道

微课视频：音频的编辑

微课视频：音频特效的应用

任务实施

新建项目文件，完成项目文件“项目四 任务 7 音频处理”的创建；新建序列，在左侧的列表中选择“AVCHD 1080P25”选项，输入序列名称“任务 7 音频处理”，接着将素材文件导入到素材箱中。

任务 7 演示视频

任务 7 视频效果

一、为背景音乐添加标记

（1）选中“项目”面板中的“背景音乐”素材，在“源”面板中播放音频。在播放过程中按快捷键“M”，在音乐节奏点位置添加 6 个标记，如图 4-7-2 所示。

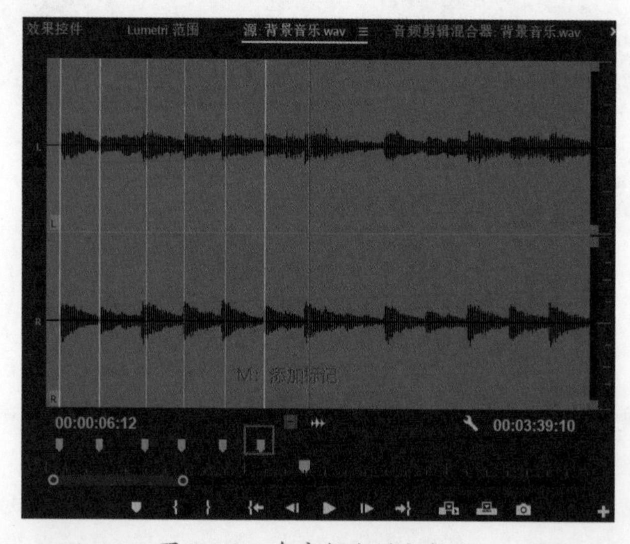

图 4-7-2　在音频上添加标记

（2）将“背景音乐”素材拖曳至 A1 音频轨道的“00:00:00:00”处。将时间轴播放器移到“00:00:30:00”处，使用“剃刀”工具对音频素材进行切割，再将多余部分音频删除，从而改变音频轨道上音频素材的长度，如图 4-7-3 所示。

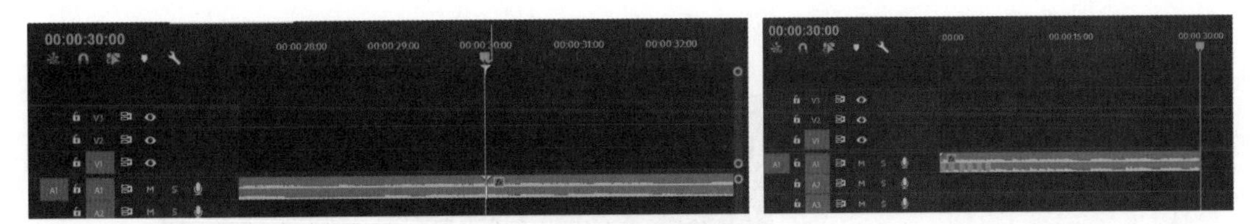

图 4-7-3 调整背景音乐的时长

（3）依次单击“效果”|“音频过渡”|“指数淡化”选项，将“指数淡化”效果拖至背景音乐的结束处，实现淡出效果，如图 4-7-4 所示。

图 4-7-4 添加“指数淡化”效果

二、剪辑短视频开头部分

（1）锁住 A1 音频轨道，使其不受影响，然后选取“项目”面板中“镜头 1”、“镜头 2”、“镜头 3”、“镜头 4”、“镜头 5”与“镜头 6”等视频素材，将其依次拖入 V1 视频轨道，可以看到该视频素材自带音频，如图 4-7-5 所示。

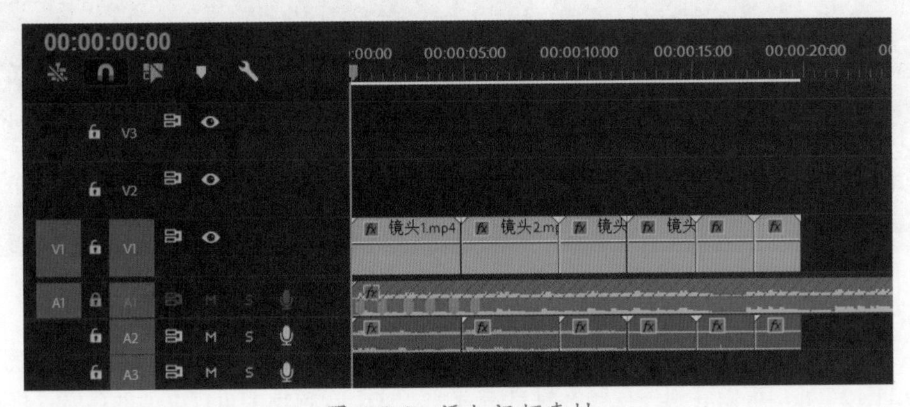

图 4-7-5 添加视频素材

（2）前 6 个镜头不需要视频自带的音频，需删除。逐个在“时间轴”面板的视频素材上右击选择“取消链接”选项，取消音频与视频的链接关系，然后选中音频素材，将音频部分删除。

对 6 段视频素材做同样的处理，均删除其对应的音频，如图 4-7-6 所示。

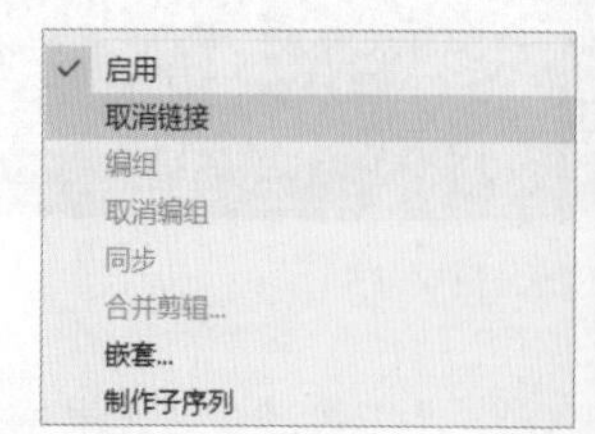

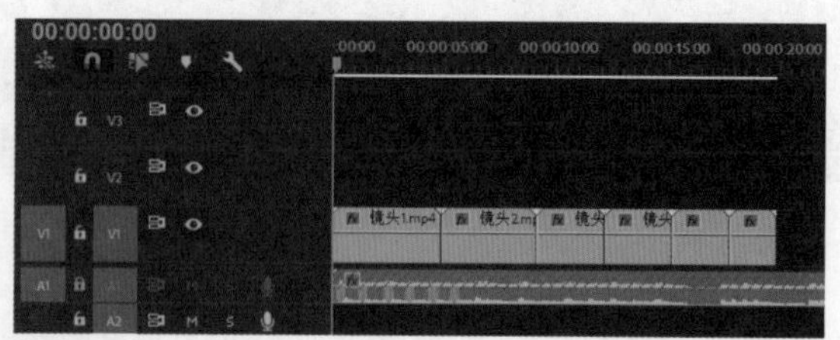

图 4-7-6　删除音频部分

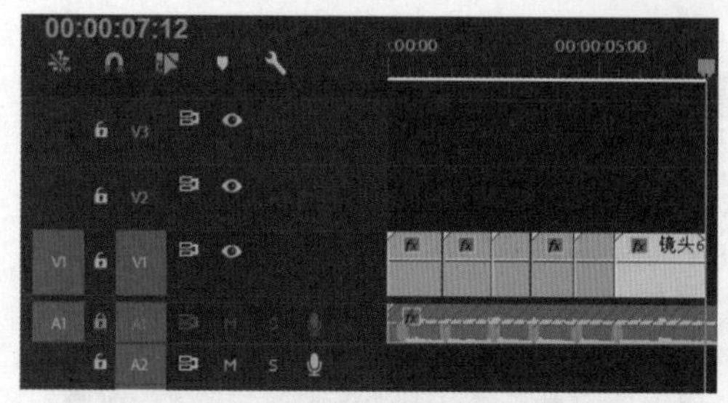

图 4-7-7　调整视频素材的时长

（3）在“时间轴”面板上的音频标记位置处调整每段视频素材的长度，如图 4-7-7 所示。

三、剪辑电话通话效果

（1）选取“项目”面板中“打电话特写”视频素材，将其拖曳至“时间轴”面板的 V1 视频轨道“00:00:07:12”处，可以看到该视频素材自带音频。选中“打电话特写”素材，右击选取“取消链接”选项，取消音频与视频的链接关系。此时直接选中音频素材，按删除键，即可将该音频素材单独删除。

（2）选中“项目”面板中的“电话嘟嘟声”音频素材，在“源”面板中播放音频，设置入点与出点，此处只需要 1 个波形，单击“仅拖动音频”按钮，将音频拖曳至“时间轴”面板上 A2 音频轨道的“00:00:09:07”处，如图 4-7-8 所示。此时在“节目”面板中查看预览效果，显示主角正在拨打电话的画面，并伴随着电话嘟嘟的声音，如图 4-7-9 所示。

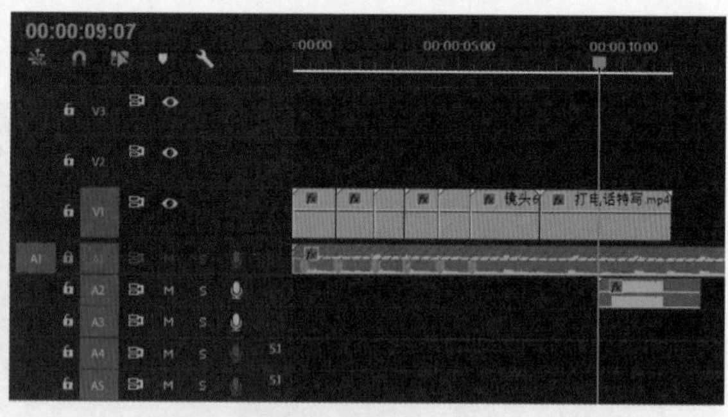

图 4-7-8　插入“电话嘟嘟声”音频素材

（3）选取“项目”面板中“镜头 7”视频素材，将其拖曳至“时间轴”面板的 V1 视频轨道“00:00:11:12”处，可以看到该视频素材自带音频。这个音频是主角打电话的声音，但声音比较低，不够清晰。在视频素材上右击，选择“音频增益”选项，将增益设置为“6dB”，如图 4-7-10 所示。

图 4-7-9　预览效果

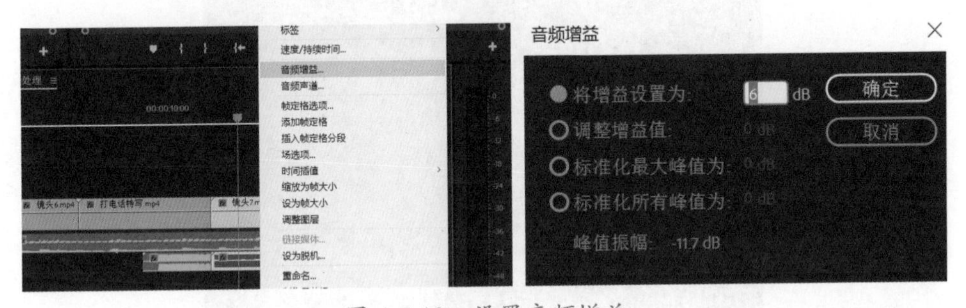

图 4-7-10　设置音频增益

（4）依次单击“效果”|“音频效果”|“多频段压缩器”选项，将“多频段压缩器”拖曳至“镜头 7”对应的音频素材上。在“效果控件”面板中设置“音量”中“级别”的值为“6dB”。在“多频段压缩器”的“自定义设置”中，单击“编辑”按钮，弹出“剪辑效果编辑器”对话框，在下拉列表中选择“提高人声”选项，如图 4-7-11 所示。

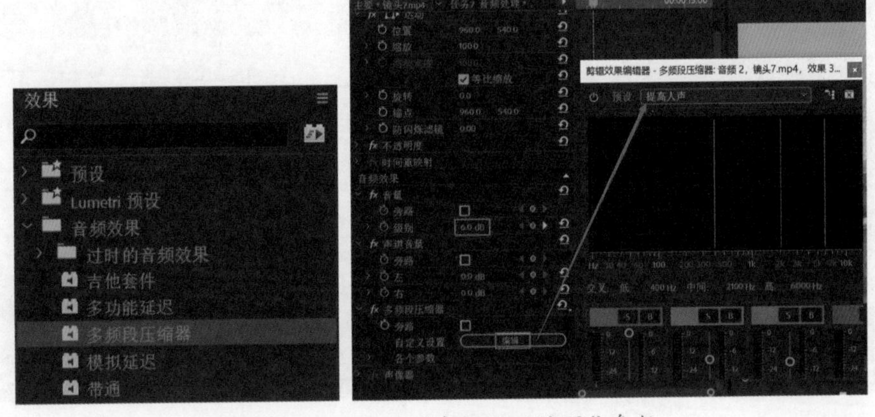

图 4-7-11　设置“多频段压缩器”参数

（5）选中“项目”面板中“镜头 8”视频素材，此素材为小红打电话的视频片段。在“源”面板中单击“仅拖动音频”按钮，将音频拖曳至“时间轴”面板的 A2 音频轨道“00:00:15:21”处。选中“项目”面板中“灯笼特写”素材，在“源”面板中单击“仅拖动视频”按钮，将视频拖曳至“时间轴”面板的 V1 视频轨道“00:00:15:21”处。使用“剃刀”工具对视频素材进行切割，再将多余部分删除，使其与 A2 音频轨道的音频保持长度一致，如图 4-7-12 所示。

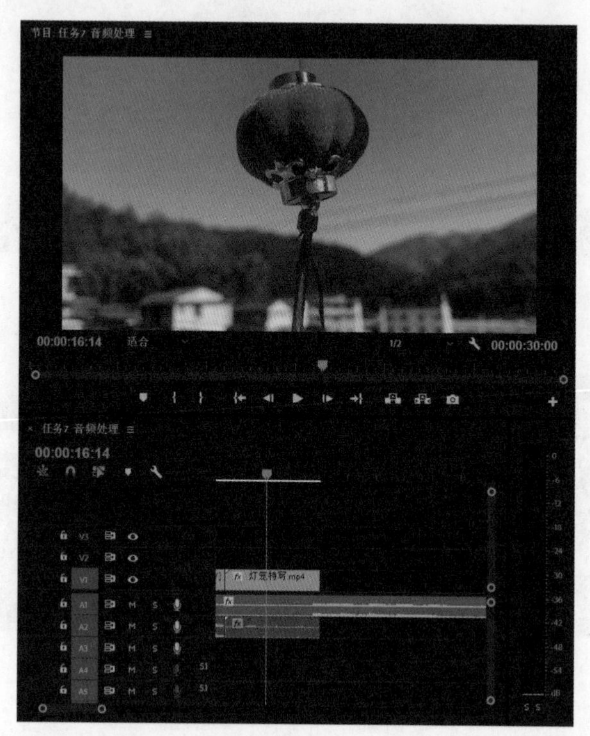

图 4-7-12　添加“小红说话声”与“灯笼特写”视频素材

（6）在“时间轴”面板中选中“灯笼特写”视频素材，在“效果控件”面板中调整缩放值为“150”，使其铺满整个画面，如图 4-7-13 所示。

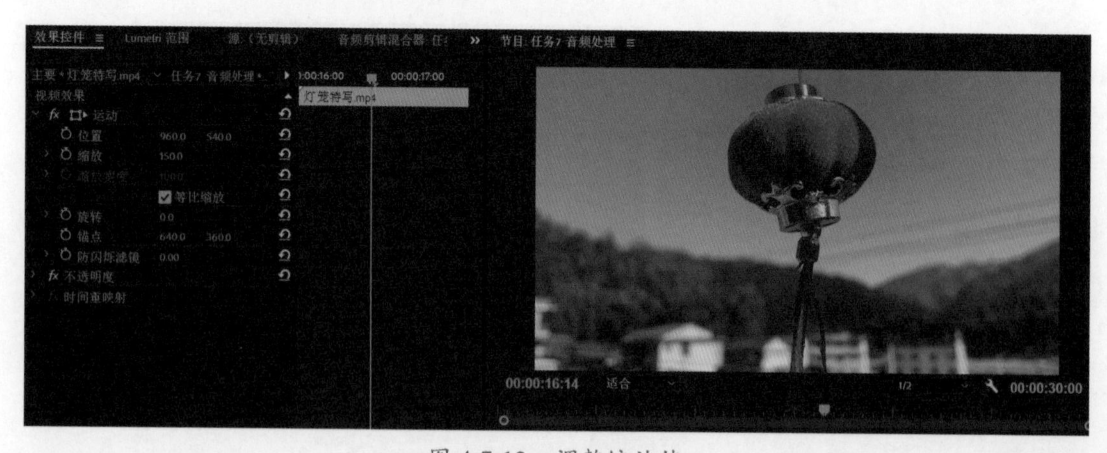

图 4-7-13　调整缩放值

（7）为小红说话的声音添加电话效果。依次单击“效果”|“音频效果”|“多频段压缩器”选项，将“多频段压缩器”拖曳至“时间轴”面板的A2音频轨道上“镜头8”对应的音频素材上。在“效果控件”面板中设置“音量”中“级别”的值为“6dB”。单击“多频段压缩器”效果中的“编辑”按钮，弹出“剪辑效果编辑器”对话框，在下拉列表中选择“对讲机”选项，如图4-7-14所示。

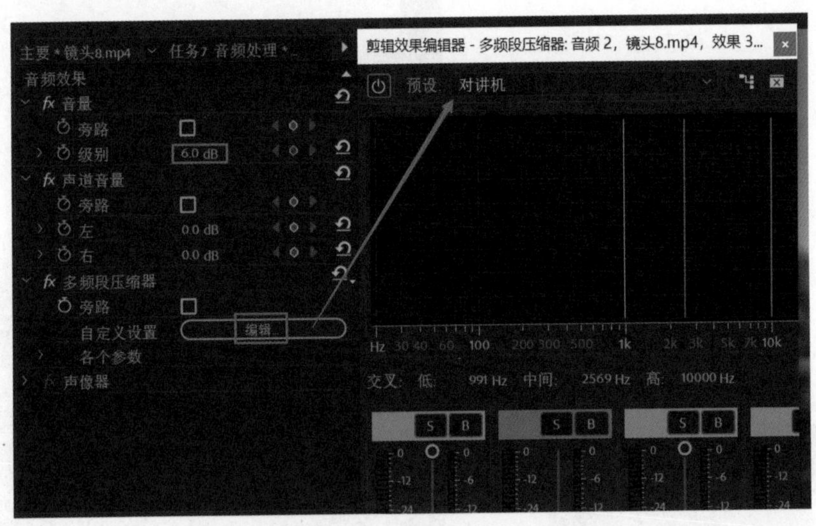

图4-7-14 设置对讲机效果

（8）将“项目”面板中的“镜头9”视频素材拖曳至“时间轴”面板的V1视频轨道“00:00:17:12”处。依次单击“效果”|“音频效果”|“多频段压缩器”选项，将“多频段压缩器”拖曳至“镜头9”对应的音频素材上。在“效果控件”面板中设置“音量”中“级别”的值为“6dB”。单击“多频段压缩器”效果的“编辑”选项，弹出“剪辑效果编辑器”对话框，在下拉列表中选择“提高人声”选项。若还想让说话的声音更清楚，可以在视频素材上右击选择“音频增益”选项，将增益设置为“6dB”，如图4-7-15所示。

（9）选中“项目”面板中“细节特写”视频素材，在“源”面板中单击“仅拖动视频”按钮，将视频拖曳至“时间轴”面板的V1视频轨道“00:00:24:06”处。选中“项目”面板中“镜头10”视频素材，此素材又是小红打电话的视频片段。在“源”面板中单击“仅拖动音频”按钮，将其对应音频拖曳至“时间轴”面板的A2音频轨道“00:00:24:06”处。使用“剃刀”工具对音频素材进行切割，再将多余部分删除，使其与V1视频轨道的“细节特写”视频片段保持长度一致，如图4-7-16所示。

（10）为小红说话的声音添加电话效果。依次单击“效果”|“音频效果”|“多频段压缩器”选项，将其拖曳至“时间轴”面板的A2音频轨道上“镜头10”对应的音频上。在“效果控件”面板中设置“音量”的“级别”值为“6dB”。单击“多频段压缩器”效果中的“编辑”按钮，弹出“剪辑效果编辑器”对话框，在下拉列表中选择“对讲机”选项。

（11）将“项目”面板中的“镜头11”视频素材拖曳至“时间轴”面板的V1视频轨道“00:00:26:08”处。依次单击“效果”|“音频效果”|“多频段压缩器”选项，将“多频段压缩器”

拖曳至“镜头 11”对应的音频素材上。在“效果控件”面板中设置“音量”中“级别”的值为“6dB”。单击“多频段压缩器”效果中的“编辑”选项，弹出“剪辑效果编辑器”对话框，在下拉列表中选择“提高人声”。若还想让说话声音更清楚，可以在视频素材上单击右击选择“音频增益”选项，将增益设置为“6dB”。

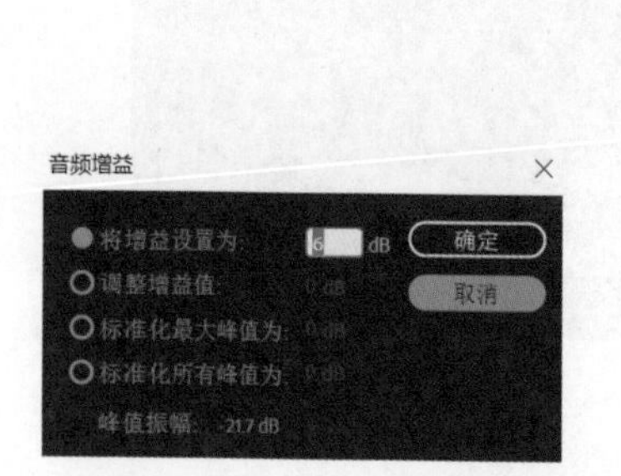

图 4-7-15　设置音频增益

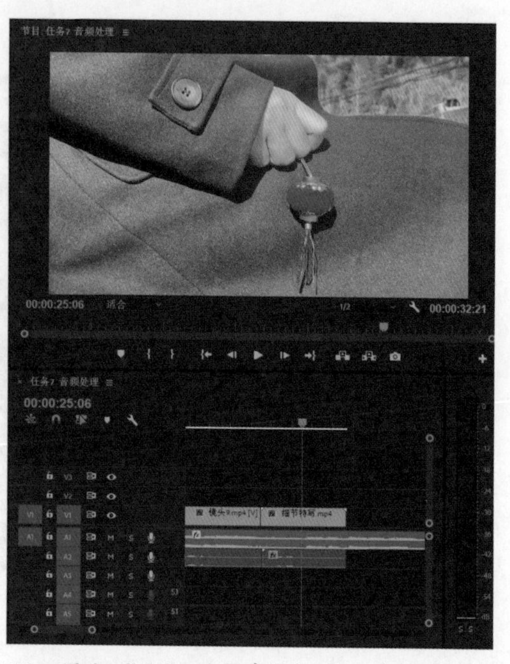

图 4-7-16　添加“小红说话声”与“细节特写”视频素材

（12）选中“项目”面板中“镜头 12”视频素材，在“源”面板中单击“仅拖动视频”按钮，将视频拖曳至“时间轴”面板的 V1 视频轨道“00:00:29:03”处。使用“剃刀”工具对视频素材进行切割，再将多余部分删除，使其出点与 A1 音频轨道上背景音乐的出点保持一致，如图 4-7-17 所示。

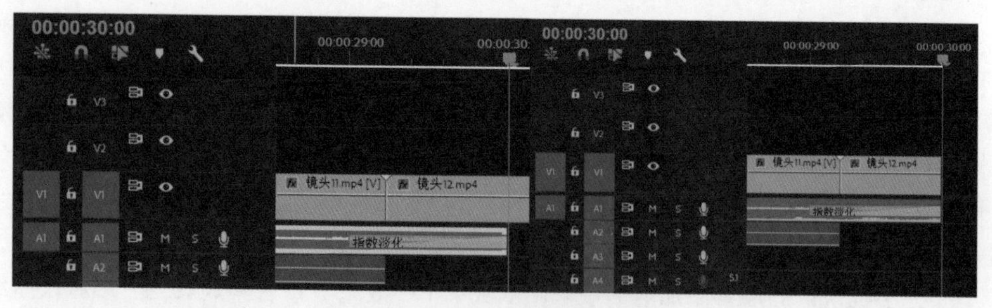

图 4-7-17　调整“镜头 12”视频素材的时间长

（13）选中“项目”面板中的“挂断嘟嘟声”音频素材，在“源”面板中播放音频，设置入点与出点，此处只需要 2 个波形，单击“仅拖动音频”按钮，将音频拖曳至“时间轴”面板的 A3 音频轨道“00:00:28:14”处，如图 4-7-18 所示。此时在“节目”面板中查看预览效果，显示主角挂断电话，并伴随着电话嘟嘟的声音，画面切换到了远处的山林，如图 4-7-19 所示。

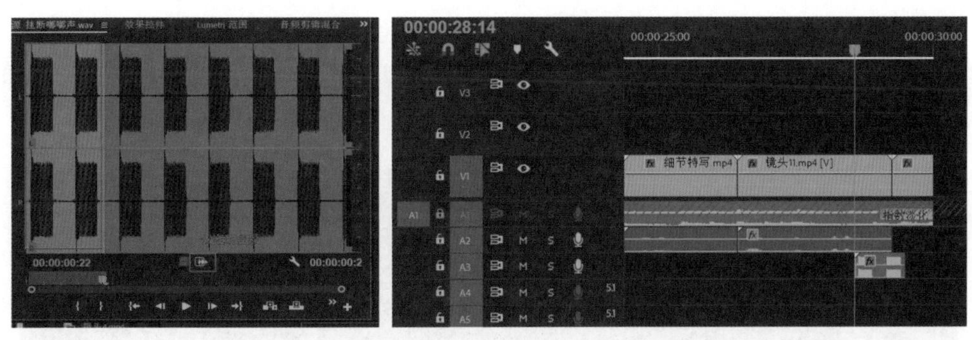

图 4-7-18　插入“挂断嘟嘟声”音频素材

图 4-7-19　预览效果

四、调整背景音乐

（1）通过预览节目效果，会发现通话过程中，背景音乐声音太大，影响到通话声音的清晰度，需要在通话时将背景音乐调小。单击背景音乐所在的 A1 音频轨道前的“切换轨道锁定”按钮，解锁该轨道。双击音频轨道，使音频波形可见。将时间轴播放指示器移到“00:00:11:05”与“00:00:28:17”处，在 A1 音频轨道的这两个位置使用“剃刀”工具切割音频，将背景音频分成三段，如图 4-7-20 所示。

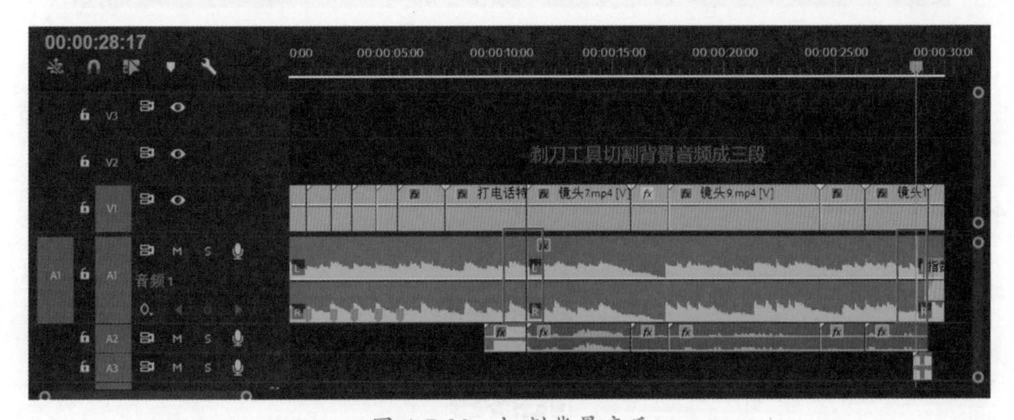

图 4-7-20　切割背景音乐

（2）将时间线播放指示器移动到想要添加关键帧的位置，这里分别在“00:00:11:05”“00:00:12:14”“00:00:27:01”“00:00:28:16”处设置4个关键帧，单击A1音频轨道前的“添加-移除关键帧”按钮，即可在关键帧控制线上添加关键帧，如图4-7-21所示。

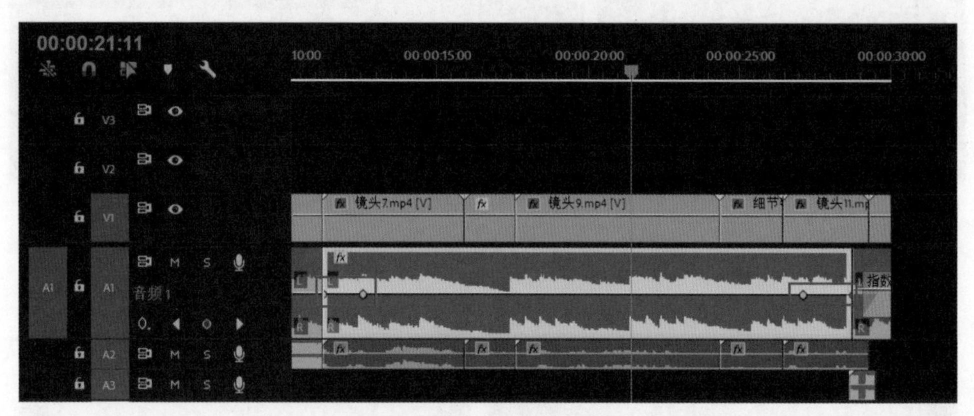

图 4-7-21　添加关键帧

（3）拖动关键帧，使A1音频轨道上的第2段音乐，实现音量由大到小，持续一段时间后，再慢慢由小到大的效果，如图4-7-22所示。此时查看节目效果时，会发现在通话开始时背景音乐渐渐减弱，通话结束时背景音乐慢慢增强。

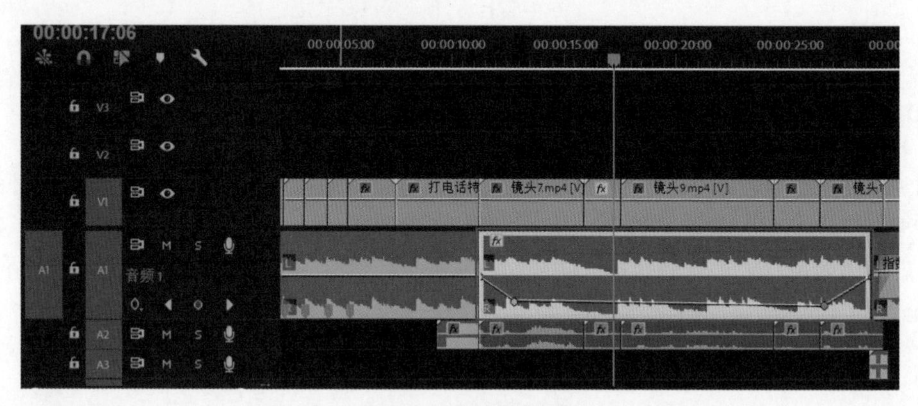

图 4-7-22　调整关键帧

（4）设置好入点与出点，依次单击“文件”|“导出”选项，设置好参数，即可导出影片。

任务自测

在线测试

任务评价

评价项目	评价内容	自我评价等级				
		优	良	中	较差	差
知识评价	能够掌握音频轨道的使用					
	能够掌握音频的编辑方法					
	能够掌握音频特效的应用					
技能评价	具有独立完成音频编辑的能力					
	具有独立应用音频特效的能力					
	具有独立完成使用音频关键帧调节音量的能力					
	具有知识迁移的能力					
创新素质评价	能够清晰有序地梳理与实现任务					
	能够挖掘出课本之外的其他知识与技能					
	能够利用其他方法来分析与解决问题					
	能够进行数据分析与总结					
	能够养成精益求精的剪辑态度					
	能够诚信对待作业原创性					
课后建议及反思						

任务拓展

文本资料：实现音乐踩点效果

案例演示：普通音乐踩点效果

案例演示：动态踩点效果

任务 8 字幕创建

任务导入

“湘果工作室”团队已经完成了前期的剪辑，并且对视频整体效果比较满意，但是有些视频内容还需要文字来进一步解释，需要添加字幕才能实现。此外，视频的片头、片尾还比较单调，也想加上合适的片头、片尾文字来引出与结束视频。那么有哪些方法可以来创建这些字幕呢？“湘果工作室”团队的成员们摩拳擦掌，想试试添加各种不一样的字幕，现在让我们来一起学习吧！

根据校园宣传视频的内容，选择合理、恰当的字幕创建方式，利用“新版标题”创建简单的片头字幕，利用“旧版标题”创建提示字幕，利用“开放式字幕”创建旁白字幕，利用“旧版标题字幕”中的“滚动字幕”创建片尾演职人员表字幕，最终完成视频所有字幕的合理添加与出入场效果调整。

任务分析

（1）实现片头字幕的创建，并添加合理的出入场效果，增加观赏性。

（2）结合形状工具添加提示性的文字，并实现字幕批量制作及出入场效果。

（3）利用“开放式字幕”制作旁白字幕，并使其播放速度与旁白速度相契合。

（4）制作片尾字幕，通过形状工具对文字呈现效果进行美化加工。

（5）通过旧版标题的“滚动字幕”功能添加片尾演职人员表。

知识准备

文本资料：Premiere 软件中字幕的创建

微课视频：创建新版字幕

微课视频：创建旧版标题字幕

微课视频：创建字幕文件对象

微课视频：创建运动字幕

微课视频：创建开放式字幕

任务实施

任务 8 演示视频

任务 8 视频效果

新建项目文件，完成项目文件“项目四任务 8 字幕创建”与主序列“任务 8 字幕创建”的创建，然后将任务所需的素材文件导入到素材箱中。

一、制作片头字幕

（1）将“素材 .mp4”拖曳至“时间轴”面板的 V1 视频轨道“00:00:00:00”处。依次单击“文件”|“新建”|“旧版标题”选项，弹出“新建字幕”对话框，将字幕名称修改为“片头字幕”，单击“确定”按钮，如图 4-8-1 所示。新建的字幕文件自动保存至“项目”面板中。

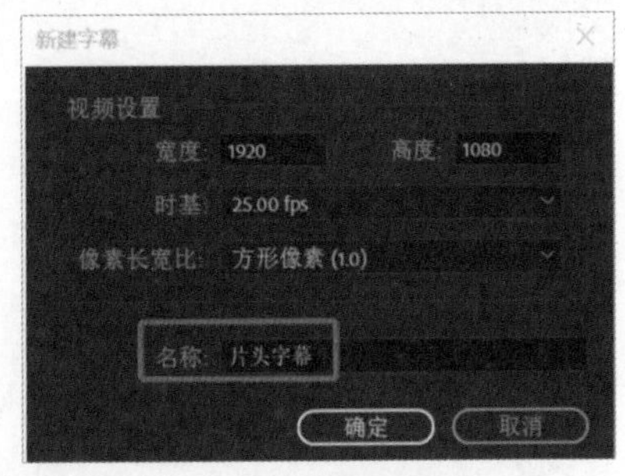

图 4-8-1　新建字幕

（2）在“旧版标题”字幕编辑面板上选择 “文字”工具，输入“校园风光”文字，并在“旧版标题属性”中将文字字体、颜色、字号调至合适参数，设置字幕位置为水平与垂直居中，如图 4-8-2 所示，预览效果如图 4-8-3 所示。

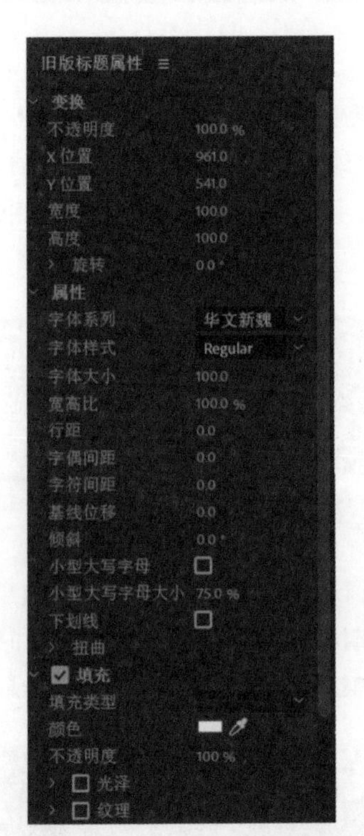

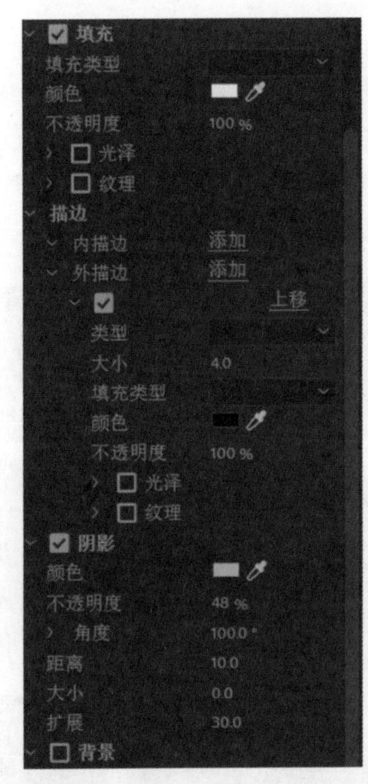

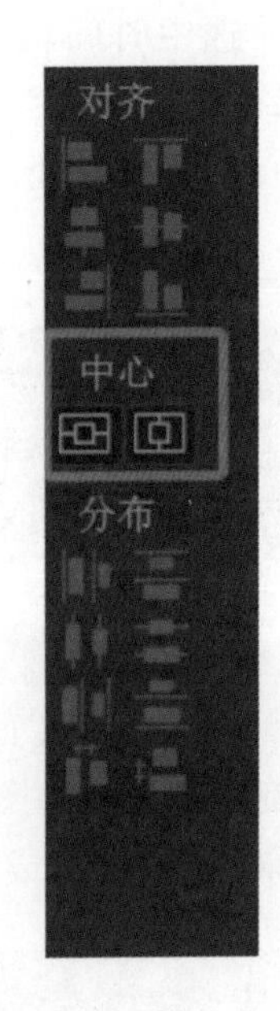

图 4-8-2　添加并设置“片头字幕”

（3）关闭“旧版标题”字幕编辑面板，在“项目”面板将“片头字幕”拖曳至“时间轴”面板的 V2 视频轨道“00:00:00:00”处。选中时间轴上的“片头字幕”，右击选择“速度 / 持续时间”选项，弹出“剪辑速度 / 持续时间”对话框，将“片头字幕”时长设置为“00:00:02:07”，如图 4-8-4 所示。

图 4-8-3 预览效果

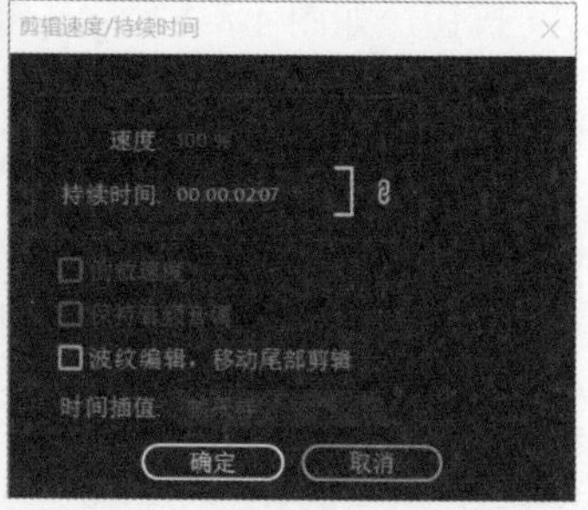

图 4-8-4 设置“片头字幕”时长

（4）选中时间轴上的“片头字幕”，将时间轴播放器移至“00:00:00:00”处，单击“效果控件”面板“缩放”前的“切换动画”图标，设置缩放值为“0”；将时间轴播放器移至“00:00:00:19”处，设置缩放值为“100”，完成“片头字幕”的缩放效果设置，如图 4-8-5 所示。

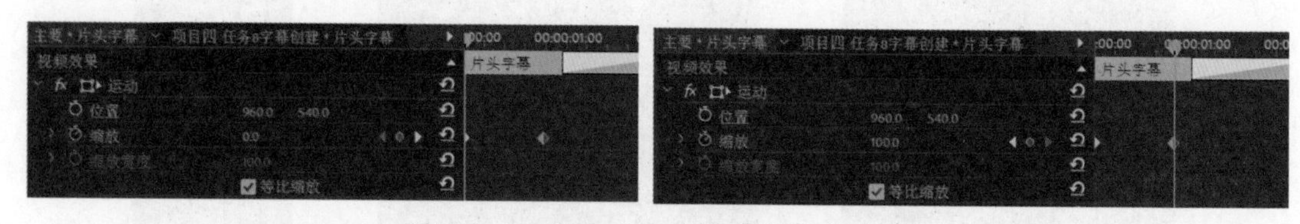

图 4-8-5 设置“片头字幕”的缩放值

（5）选择“效果”面板中的“基本 3D”效果，将其添加到“片头字幕”上。单击“效果控件”面板“旋转”前的“切换动画”图标，旋转设置为“200°”；将时间轴播放器移至“00:00:00:19”处，设置旋转为“360°”或者“1*0.0°”，完成“片头字幕”的 3D 旋转效果设置，如图 4-8-6 所示。

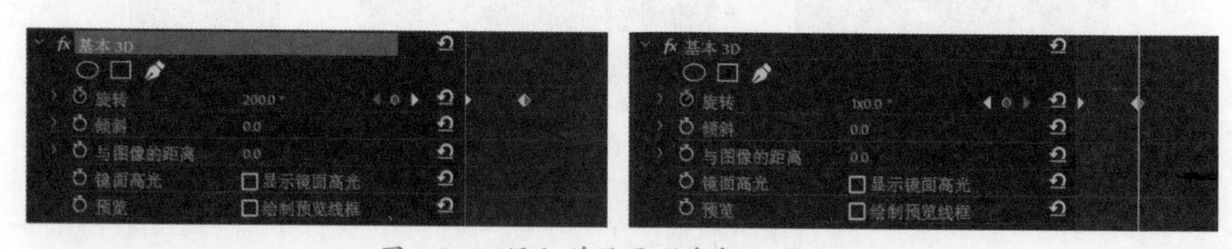

图 4-8-6 添加并设置“基本 3D”效果

（6）选择“效果”面板中的“随机擦除”过渡效果，将其拖曳至时间轴“片头字幕”尾部，在“效果控件”面板中，对“随机擦除”过渡效果的持续时间与擦除方向进行设置，完成“片头字幕”的出场效果设置，如图 4-6-7 所示。

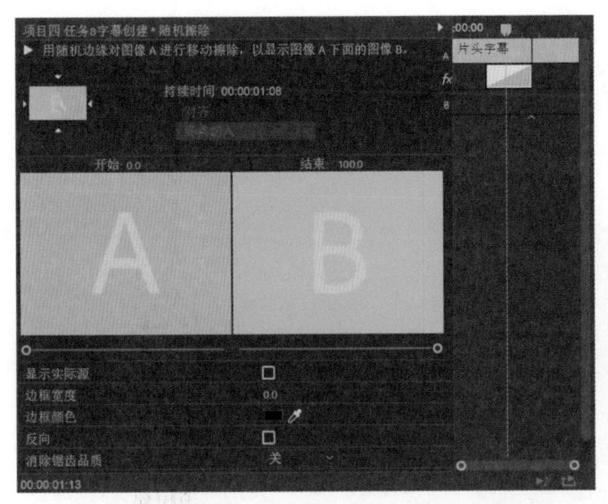

图 4-6-7 添加并设置“随机擦除”过渡效果

片头字幕制作完毕，入出场效果预览如图 4-6-8 所示。

图 4-6-8 “片头字幕”入出场预览效果

二、制作提示字幕

（1）依次单击“文件”|“新建”|“旧版标题”选项，弹出“新建字幕”对话框，将字幕名称修改为“提示字幕 1”，单击“确定”按钮，如图 4-8-9 所示。新建的字幕文件自动保存至“项目”面板中。

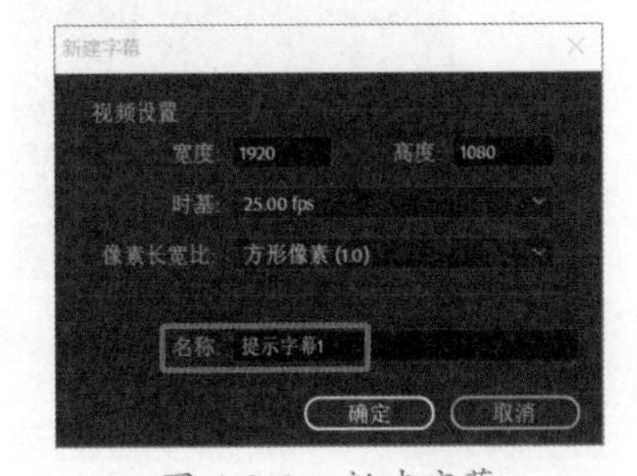

图 4-8-9 新建字幕

（2）在“旧版标题”字幕编辑面板上选择“垂直文字”工具，输入“教学楼前”文字，并将文字字体、颜色、字号调至合适参数，并将字幕位置放置左上角，如图 4-8-10 所示。

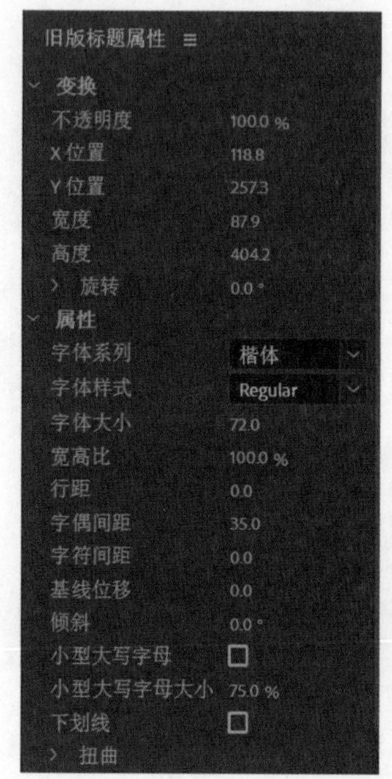

图 4-8-10　添加并设置垂直文字

（3）在“旧版标题”字幕编辑面板上选择“矩形”工具，在文字位置处绘制矩形，并将矩形框的颜色、大小、位置调至合适参数，如图 4-8-11 中左图所示。右击，依次选择“排列”|“移到最后”选项，将白色矩形框移动至字幕下方，如图 4-8-11 中右图所示。

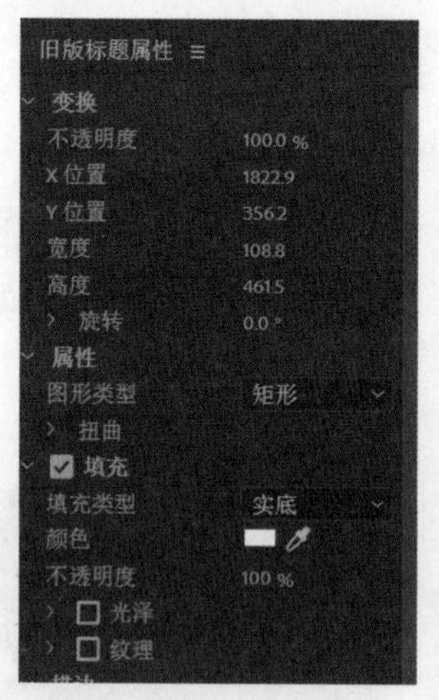

图 4-8-11　添加并设置矩形框

（4）关闭“旧版标题”字幕编辑面板，在“项目”面板将“提示字幕”拖曳至“时间轴”面板的 V2 视频轨道“00:00:02:00”处（即片头字幕结尾处）。选中时间轴上的“提示字幕 1”素材，根据视频画面内容确定该提示字幕持续时间，右击选择“速度 / 持续时间”选项，在弹出的对话框中将片头字幕时长设置为“00:00:07:03”。

（5）选中时间轴上的“提示字幕 1”，将时间轴播放器移至素材开头位置（即“00:00:02:07”处），单击“效果控件”面板“位置”前的“切换动画”图标，设置位置为（780，540）。将时间轴播放器移至“00:00:02:22”处，设置位置为（960，540），完成“提示字幕 1”的入场效果设置，如图 4-8-12 所示。

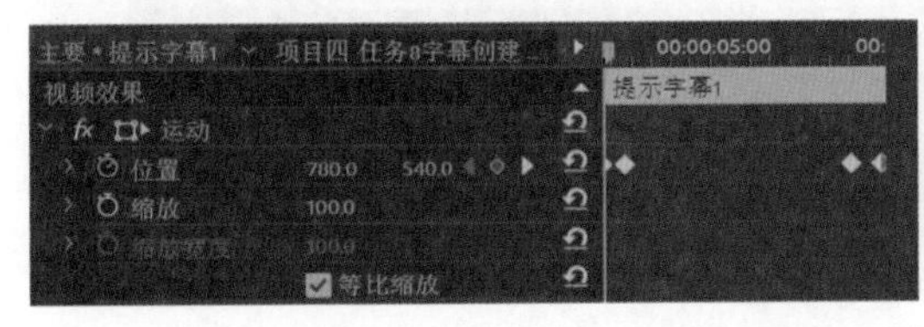

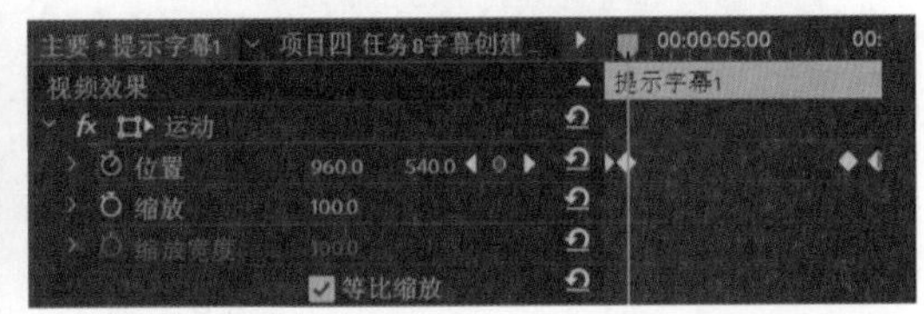

图 4-8-12　设置入场关键帧

继续将时间轴播放器移至“00:00:08:14”处，设置位置为（960，540）；将时间轴播放器移至素材结尾位置（即“00:00:09:08”处），完成“提示字幕 1”出场效果设置，如图 4-8-13 所示。

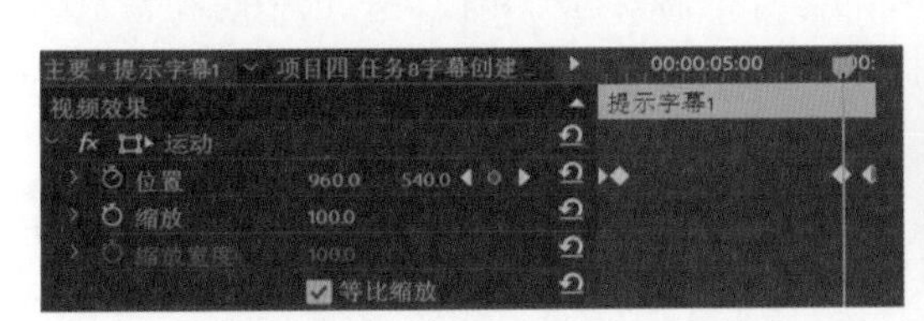

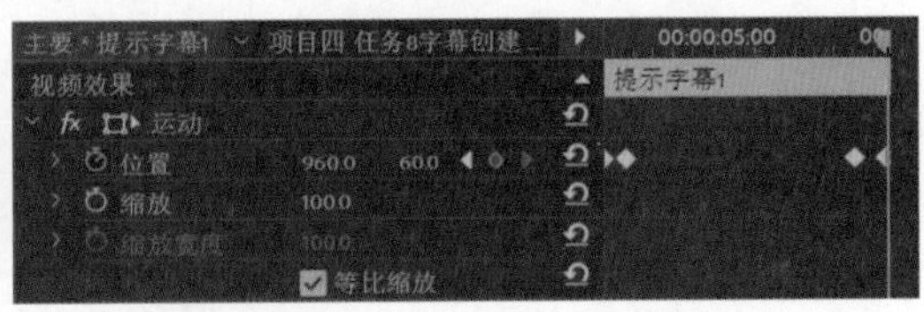

图 4-8-13　设置出场关键帧

“提示字幕 1”制作完毕，入出场效果预览如图 4-6-14 所示。

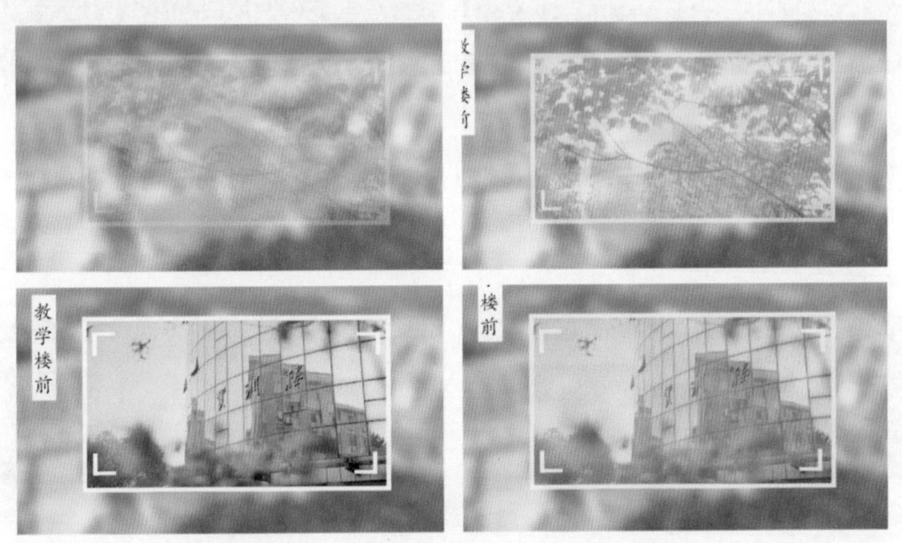

图 4-6-14　“提示字幕 1”入出场预览效果

（6）在时间轴上选中“提示字幕 1”，按住键盘上的“Alt”键，将鼠标往后拖动即可复制“提示字幕 1”，生成“提示字幕 1 复制 01”，如图 4-6-15 所示。

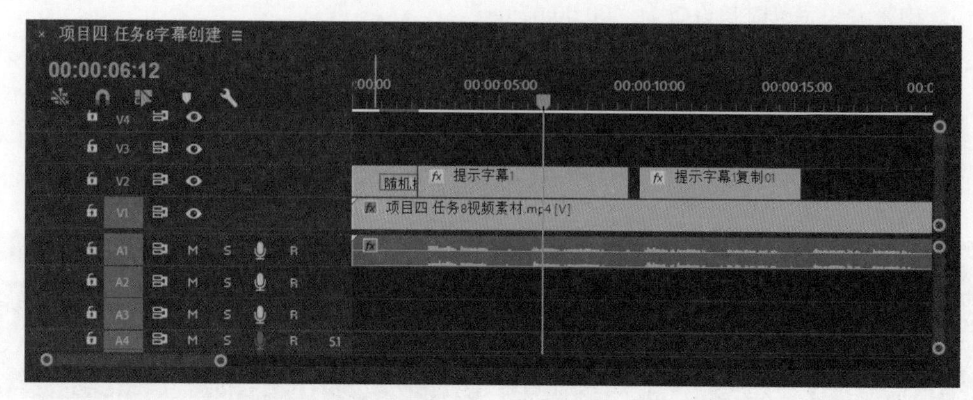

图 4-6-15　复制生成“提示字幕 1 复制 01”

双击时间轴上的“提示字幕 1 复制 01”，打开“旧版标题”字幕编辑面板，将文字“教学楼前”更改为“池塘水畔”，并根据视频画面内容将字幕持续时长调整为“00:00:05:12”。

因两个提示字幕的持续时长不一致，关键帧的位置也需要进一步微调。选中时间轴上的“提示字幕 1 复制 01”，将时间轴播放器移至“提示字幕 1 复制 01”开头位置（即“00:00:09:19”处），单击“效果控件”面板“位置”前的“切换动画”图标，设置位置为（780，540）；将时间轴播放器移至“00:00:10:03”处，设置位置为（960,540），完成“提示字幕 1 复制 01”的入场效果设置，如图 4-8-16 所示。

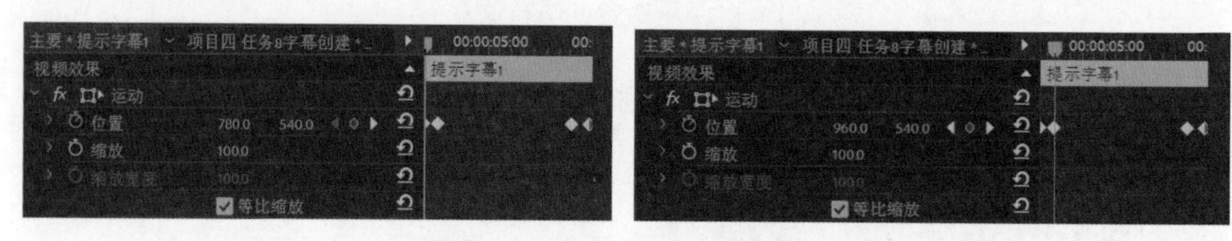

图 4-8-16　设置入场关键帧

继续将时间轴播放器移至“00:00:14:09”处，设置位置为（960,540）；将时间轴播放器移至“提示字幕 1 复制 01”结尾位置（即“00:00:15:06”处），完成“提示字幕 1 复制 01”的出场效果设置，如图 4-8-17 所示。

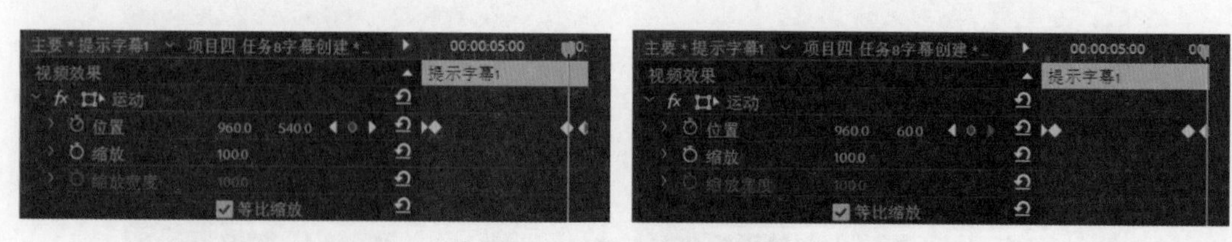

图 4-8-17　设置出场关键帧

（7）继续复制“提示字幕 1”，生成“提示字幕 1 复制 02”与“提示字幕 1 复制 03”。将

“提示字幕 1 复制 02”与“提示字幕 1 复制 03”中的文字分别改为“运动身影”与“光影校园”，并根据视频画面内容分别将字幕持续时间设置为“00:00:03:22”与“00:00:08:00”，进一步微调关键帧位置即可实现 4 个提示字幕的统一出入场效果。预览效果如图 4-8-18 所示。

图 4-8-18 预览效果

三、制作旁白字幕

（1）依次单击“文件”|“新建”|“字幕”选项，弹出“新建字幕”对话框，将标准改为“开放式字幕”，单击“确定”按钮，如图 4-8-19 所示。新建的字幕文件自动保存至“项目”面板中。

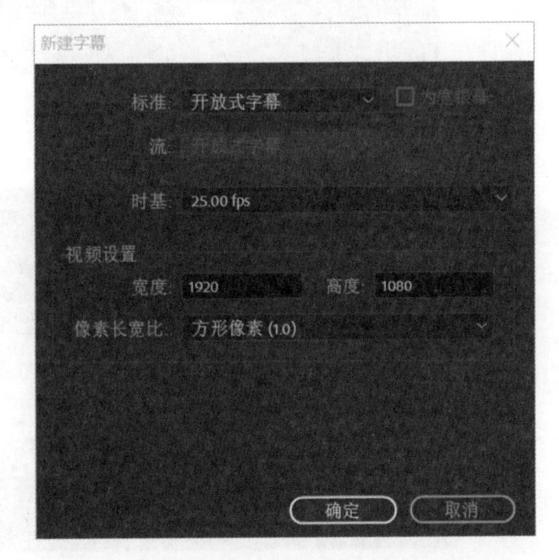

图 4-8-19 新建字幕

（2）在“项目”面板双击“开放式字幕”，打开“开放式字幕”编辑面板，在文本输入框中输入字幕文字，并调整好字幕持续时间，如图 4-8-20 所示。

（3）按住 Shift 键，单击第一条和最后一条字幕，进行全选操作，调整字幕字体、字号及位置；选择背景颜色，将文字背景透明度调整为“0%”；选择文字颜色，将文字颜色调整为白色；选择边缘颜色，将边缘颜色调整为淡粉色，并将边缘宽度设置为“2”，如图 4-8-21 所示。

（4）回到“项目”面板，将字幕拖曳至“时间轴”面板的 V3 视频轨道“00:00:02:08”处，根据视频画面内容及音频旁白速度，对开放式字幕的每条字幕出入点进行微调，使之与视频完全匹配，如图 4-8-22 所示。

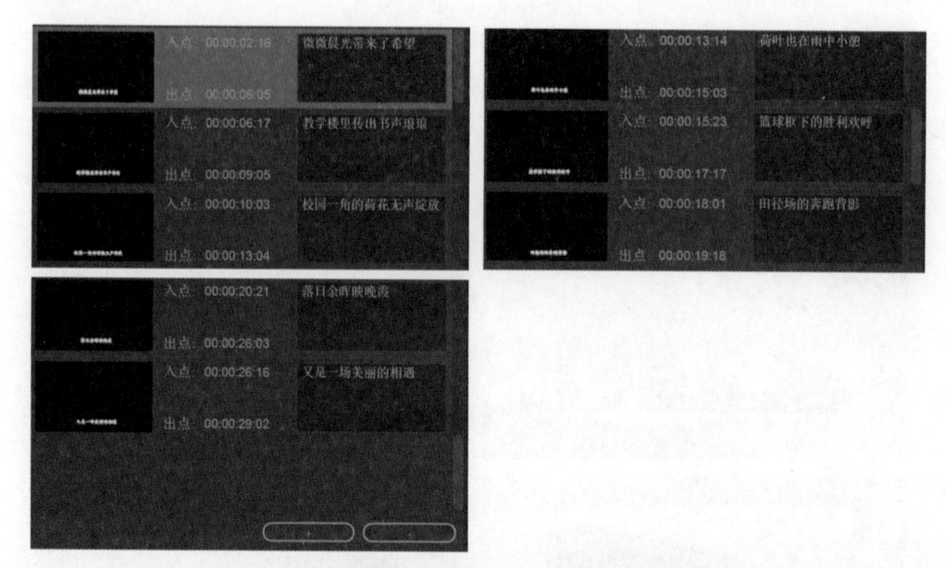

图 4-8-20　调整与设置“开放式字幕”信息

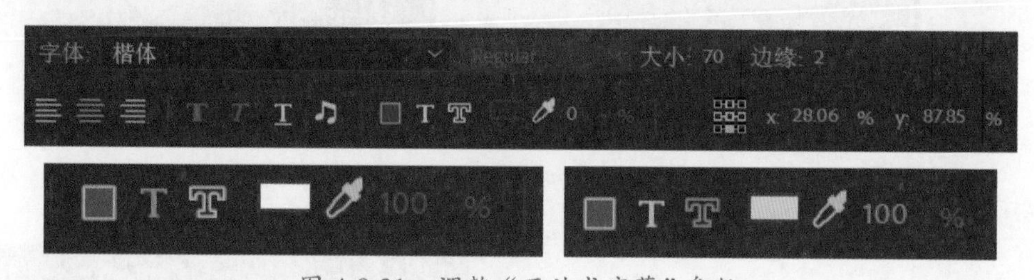

图 4-8-21　调整“开放式字幕”参数

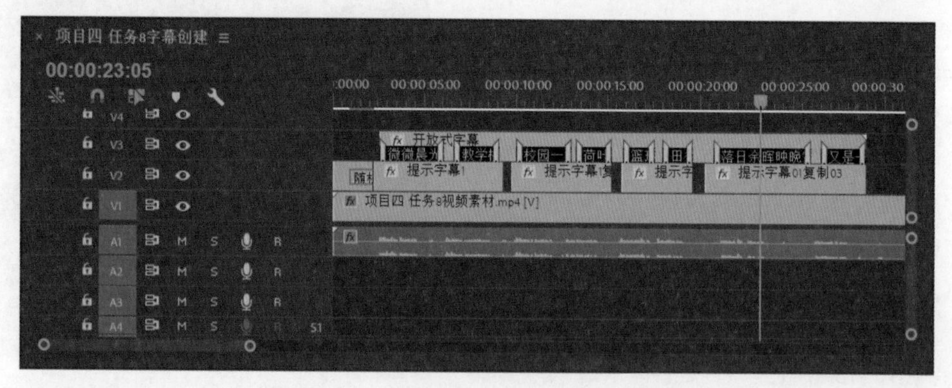

图 4-8-22　调整“开放式字幕”出入点

四、制作片尾字幕

（1）依次单击“文件”|“新建”|“旧版标题”选项，弹出“新建字幕”对话框，将字幕名称修改为“片尾字幕”，单击“确定”按钮，新建的字幕文件自动保存至“项目”面板中。在“旧

版标题”字幕编辑面板上选择“文字”工具，输入“青春不散场”文字，并将文字字体、颜色、字号调至合适参数，设置字幕位置为水平与垂直居中，如图 4-8-23 所示。

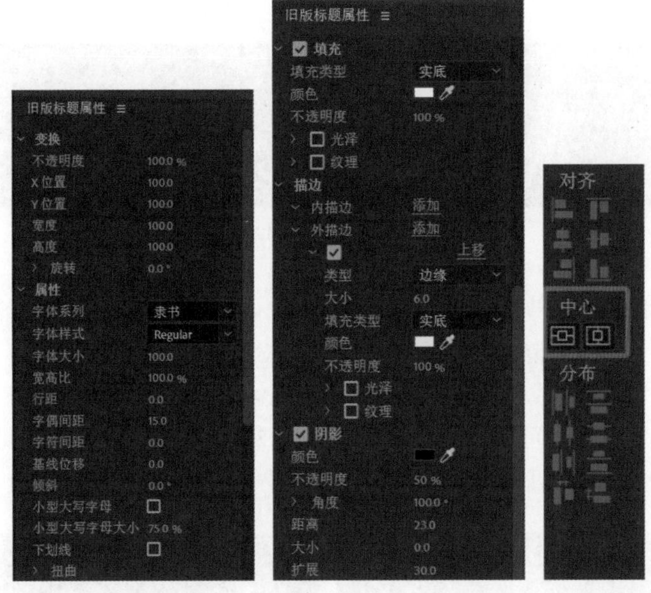

图 4-8-23 设置“片尾字幕”文字参数

（2）在“旧版标题”字幕编辑面板左侧的工具箱中选择“直线”工具，绘制出两条横线和两条竖线，并进行合理摆放，形成半框文字的效果，并将线框宽度设置为“20”，填充方式为实底白色，如图 4-8-24 所示。

图 4-8-24 设置“片尾字幕”文字参数

（3）关闭“旧版标题”字幕编辑面板，在“项目”面板将“片尾字幕”拖曳至“时间轴”面板的 V2 视频轨道“00:00:29:00”处。选中时间轴上的“片尾字幕”，右击选择“速度 / 持续时间”选项，在弹出的对话框中将时长设置为“00:00:07:08”。

（4）选中时间轴上的“片尾字幕”，将时间轴播放器移至“00:00:34:17”处，单击

“效果控件”面板“缩放”前的“切换动画”图标，设置缩放值为“100”；将时间轴播放器移至“00:00:35:23”处，设置缩放值为“0”，实现片尾字幕的缩放消失效果，如图 4-8-25 所示。

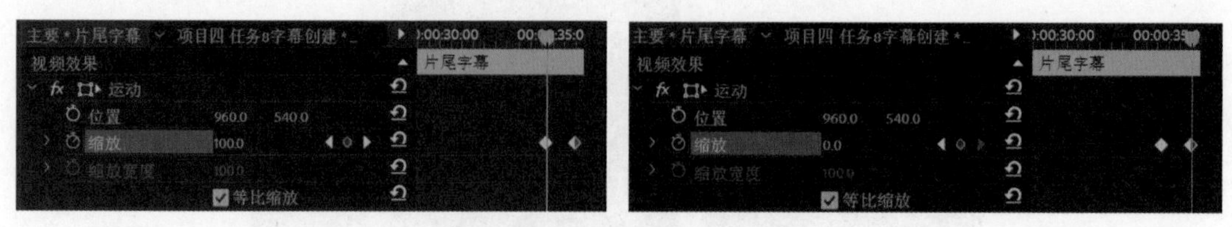

图 4-8-25　设置出场关键帧

（5）选择“效果”面板中的“线性擦除”效果，将其添加到“片尾字幕”素材上。单击“效果控件”面板上的“擦除角度”效果，设置“擦除角度”值为“-28°”；设置“羽化”值为“140”；单击“过渡完成”前的“切换动画”图标，将时间轴播放器移至“00:00:29:06”处，设置为“78%”；将时间轴播放器移至“00:00:31:18”处，设置为“19%”，完成“片尾字幕”的出场效果设置，如图 4-8-26 所示。

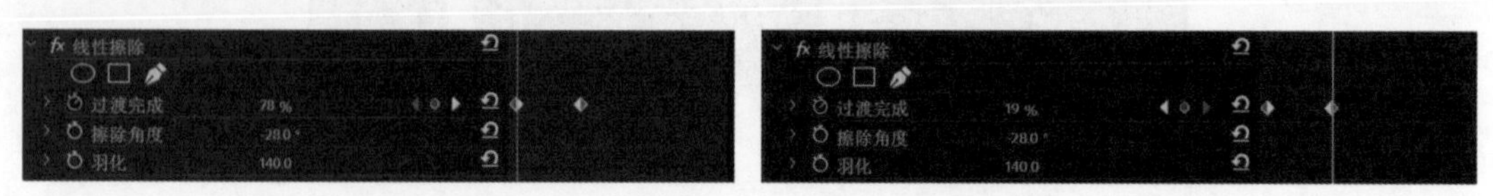

图 4-8-26　添加与设置“线性擦除”效果

片尾字幕制作完毕，入出场效果预览如图 4-8-27 所示。

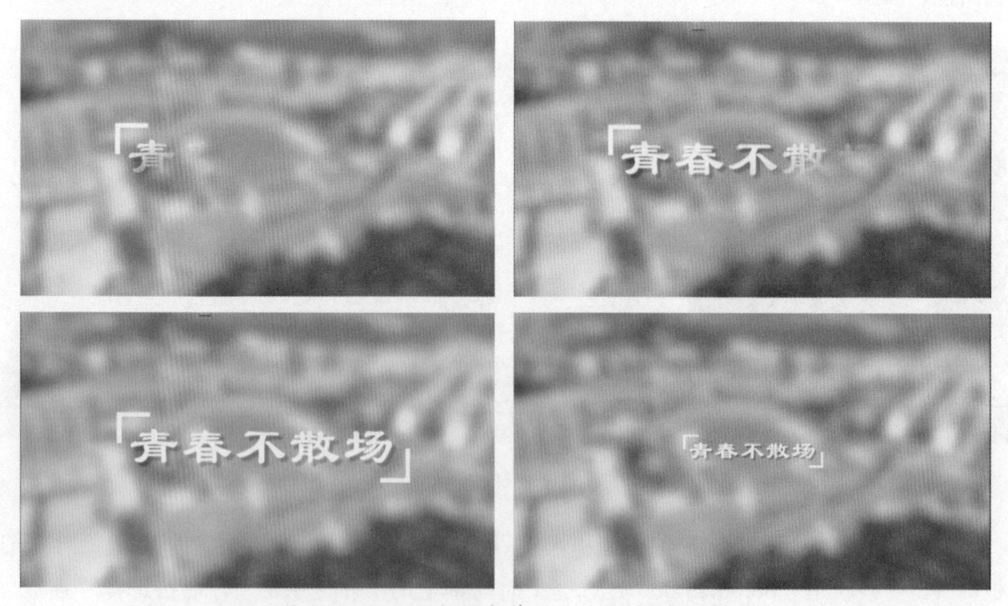

图 4-8-27　“片尾字幕”入出场预览效果

五、制作演职人员表字幕

（1）依次单击“文件”|“新建”|“旧版标题”选项，弹出“新建字幕”对话框，将字幕名称修改为“演职人员表”，单击“确定”按钮。在“旧版标题”字幕编辑面板上选择“文字”工具输入演职人员相关文字，将文字字体、颜色、大小调至合适参数，并将字幕位置设置为水平与垂直居中，如图 4-8-28 所示。

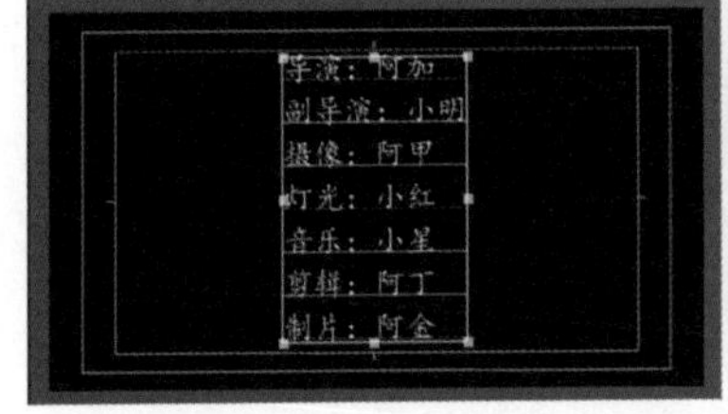

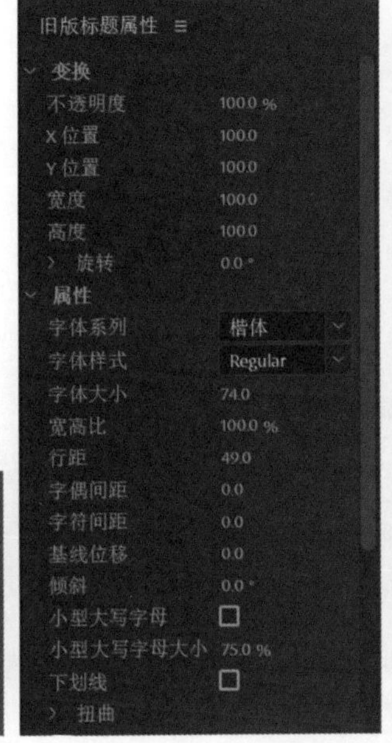

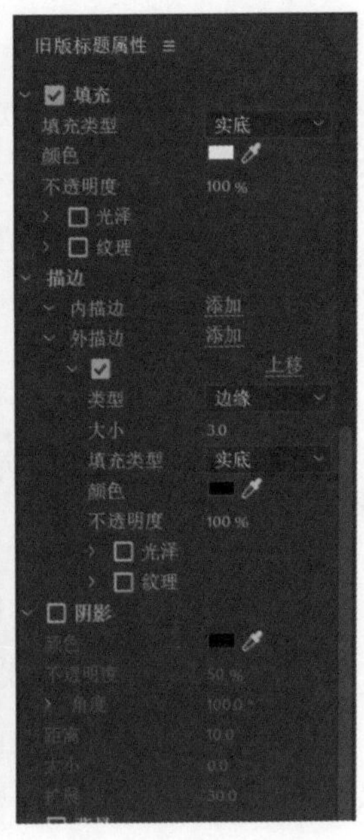

图 4-8-28 添加“演职人员表”字幕

（2）在“旧版标题”字幕编辑面板上方单击“滚动 / 游动选项”按钮，弹出“滚动 / 游动选项”对话框，将字幕类型更改为“滚动”，选中“开始于屏幕外”与“结束于屏幕外”复选框，单击“确定”按钮，如图 4-8-29 所示。

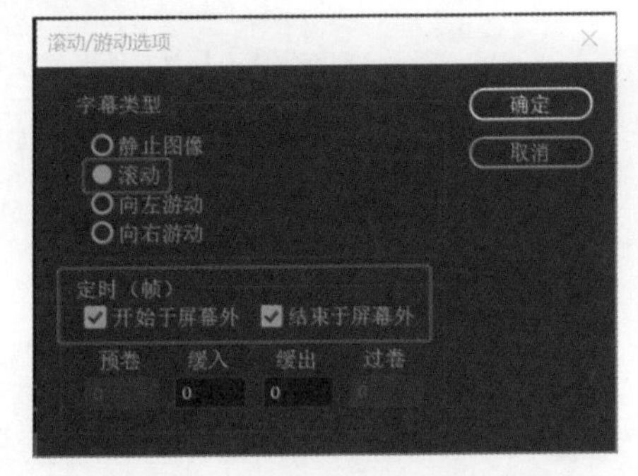

图 4-8-29 “滚动 / 游动选项”对话框

（3）关闭“旧版标题”字幕编辑面板，将“项目”面板中的“演职人员表”拖曳至时间轴面板的 V1 视频轨道“00:00:36:08”处（即视频素材尾部）。选中时间轴上的“演职人员表”，右击选择“速度 / 持续时间”选项，在弹出的对话框中将该字幕时长设置为“00:00:04:08”。

（4）选择“效果”面板中的“恒定功率”效果，将其添加到 A1 音频轨道上的字幕尾部，实现音频淡出选果。

（5）依次单击“文件”|“导出”|“媒体”选项，弹出“导出设置”对话框，设置完成后，单击“导出”按钮，即可导出所设置的 MP4 格式影片。

任务自测

在线测试

任务评价

评价项目	评价内容	自我评价等级				
		优	良	中	较差	差
知识评价	能够掌握新版标题字幕的创建与使用					
	能够掌握运动字幕的创建与使用					
	能够掌握开放式字幕的创建与使用					
	能够掌握旧版标题字幕的创建与使用					
技能评价	具有独立使用文字工具创建字幕的能力					
	具有独立运用旧版标题字幕创建垂直、路径、区域、滚动字幕文字的能力					
	具有独立运用开放式字幕创建字幕的能力					
	具有知识迁移的能力					
创新素质评价	能够清晰有序地梳理与实现任务					
	能够挖掘出课本之外的其他知识与技能					
	能够利用其他方法来分析与解决问题					
	能够进行数据分析与总结					
	能够养成精益求精的剪辑态度					
	能够诚信对待作业原创性					
课后建议及反思						

任务拓展

文本资料：制作文字效果

案例演示：实现玻璃文字效果

案例演示：实现文字从山后出现效果

项目小结

本项目通过 8 个任务，让同学们掌握了短视频镜头的组接规律和技巧，掌握了 Premiere 软件中剪辑与分离素材、视频转场、关键帧控制视频效果、颜色校正与合成、添加与设置音频以及创建与编辑各种字幕的方法，具备了短视频剪辑的综合能力，培养了学生精益求精的工匠精神与短视频剪辑师的职业素养。

项目五

短视频发布与推广

教学目标

知识目标：

- 掌握短视频账号名称、头像和简介的设置；
- 掌握短视频发布与推广的前期准备工作；
- 掌握如何构建短视频账号矩阵；
- 掌握抖音与快手平台的付费推广方法。

技能目标：

- 具备在多平台发布短视频的能力；
- 具备在多平台进行短视频推广的能力；
- 具备短视频运营的综合能力。

创新素质目标：

- 培养学生清晰有序的逻辑思维；
- 培养学生遵守短视频运营规则的意识；
- 培养学生系统分析与解决问题的能力；
- 熟悉国家颁布的乡村振兴与乡村建设等各种政策文件；
- 培养学生爱农、惠农、助农意识。

思维导图

项目五 短视频发布与推广

- 素养课堂：短视频助力乡村振兴
- 任务1 短视频发布
  - 任务导入
  - 任务描述
  - 知识准备
    - 短视频推广前后的相关工作
  - 任务实施
    - 创建短视频账号
    - 视频上传
  - 任务自测
  - 任务评价
  - 任务拓展
    - 短视频主要数据指标
- 任务2 短视频推广
  - 任务导入
  - 任务描述
  - 知识准备
    - 短视频推广前期准备
    - 构建账号矩阵
    - 平台付费推广
  - 任务实施
    - 免费推广
    - 付费推广
  - 任务自测
  - 任务评价
  - 任务拓展
    - 短视频平台算法推荐流程
    - 短视频高推荐量的相关维度
- 项目小结

素养课堂 短视频助力乡村振兴

短视频助力乡村振兴

任务1 短视频发布

任务导入

经过前面一段时间的努力学习与实践，“湘果工作室”团队成员已经基本掌握了短视频的前期策划、拍摄及后期剪辑等相关技能，并且已经能够熟练地制作出质量较高的短视频作品了。但是如何让优质的短视频被大家看到，怎么在短视频平台上注册账号、发布短视频都是他们下一步要面临的问题。经过摸索，他们知道了如何发布短视频。在学习过程中，他们明白了短视频的发布并不仅仅是将其上传到平台即可，而且不是所有视频内容都能在短视频平台上发布，发布短视频需要遵循短视频平台相关内容规范，否则会有账号封禁的风险。

任务描述

怀着满腔热情与立志服务乡村振兴初心的“湘果工作室”得到了很多师生和外界人士的肯定，湖南溆浦县标东垅村村民慕名而来，想要“湘果工作室”为他们村的农产品进行宣传与推广。标东垅村的农产品品质好但鲜为人知，水稻、黄金柚、稻花鱼、土鸡蛋、糍粑、腊肉等农产品急需打开市场为村民创收。李明明同学决定为标东垅村创建短视频账号，进行农产品的推广运营，但是他们也遇到了一些问题，让我们来一起替他们想办法解决！

问题1：短视频账号的名字与头像应如何选取？

问题2：短视频的发布步骤是怎样的？

问题3：有哪些视频内容不能上传发布？

知识准备

文本资料：短视频推广前后的相关工作

任务实施

一、创建短视频账号

(1) 在手机端打开抖音App，用手机号进行账号注册，注册成功后点击页面右下方“我”选项，进入个人页面，点击“编辑资料”按钮，进入资料编辑区，如图5-1-1所示。

（2）考虑到该账号是大学生群体帮助溆浦县标东垅村对其农产品进行宣传，可将短视频账号名称设置为“溆浦新农人”。账号名称中的“溆浦”二字体现了地理位置，给人一种真实感；“新农人”是指带动和促进农产品上行发展的农业人才，结合助力脱贫攻坚和乡村振兴的国家方针政策，“新农人”三字也会给人带来一种建设美好乡村的既视感。

（3）将头像换为大学生群体在稻田间捕捞稻田鱼的图片，使用相关内容的实拍图，可以加深用户对短视频的内容定位印象。大学生作为助力乡村振兴、建设美好乡村的主力代表，在农田劳作的形象更能得到他人的认同与赞赏，同时也增加了真实感。

（4）将账号背景设置为标东垅村碧绿的水稻田，增加真实性的同时也可以展示短视频拍摄所在地溆浦的新农村美好景象。

（5）将简介设置为“大学生回村为溆浦农产品代言，做乡村振兴的新农人！希望大家关注支持！”用言简意赅的语言介绍自己，让用户清楚地了解该账号的身份和领域，同时表明账号管理人对待乡村振兴的态度，并引导大家关注。账号资料预览效果如图 5-1-2 所示。

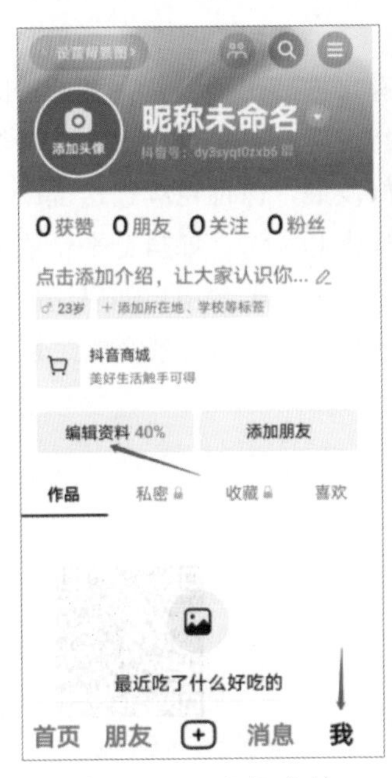

图 5-1-1 编辑资料

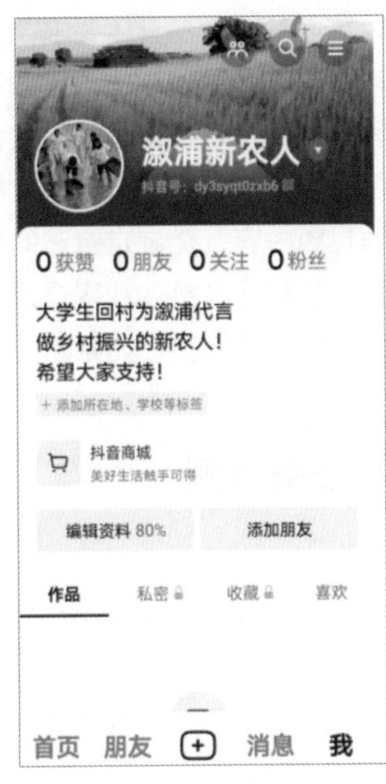

图 5-1-2 预览效果

二、视频上传

（1）在抖音开始页面点击“+”按钮进入发布页面，选择需要发布的短视频。在这里我们选择提前剪辑好的有关有机水稻的介绍视频，选好视频后，进入发布编辑页面，在作品描述中，添加短视频标题“有机水稻的诞生”，如图 5-1-3 所示。

（2）点击“编辑封面”按钮，选取视频内容中的某一帧画面作为短视频封面，如图 5-1-4 所示。当然，也可以自行制作封面进行上传。

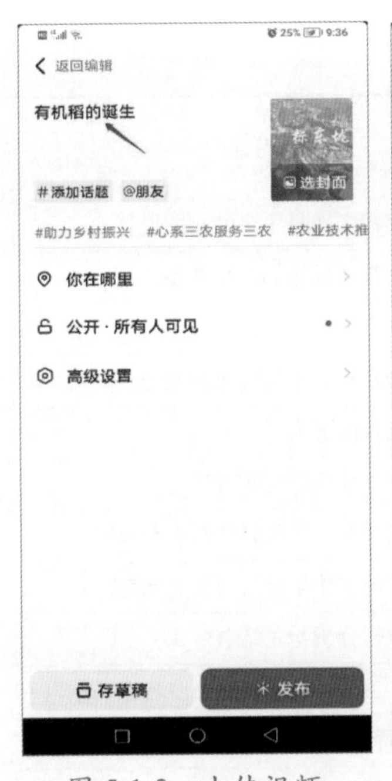

图 5-1-3 上传视频

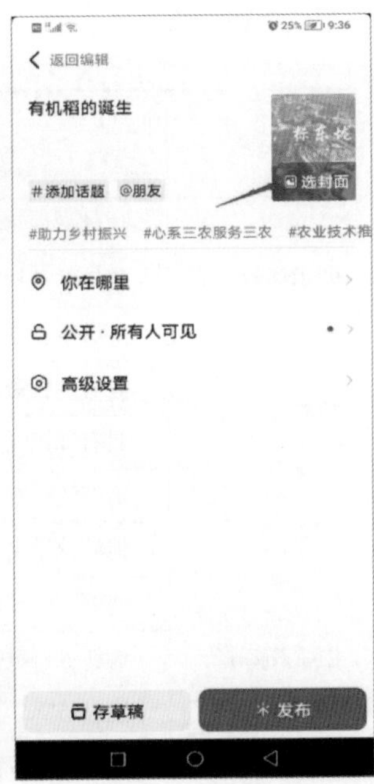

图 5-1-4 编辑封面

设置好短视频标题与封面后，点击“发布”按钮，即可在抖音平台上进行短视频的发布，如图 5-1-5 所示。

在发布时，要注意短视频平台对短视频格式的要求，如抖音平台支持多种视频格式，包括 MP4、MOV、AVI、FLV 等常见视频格式。一般建议使用 MP4 格式，横屏视频宽高比建议为 16：9，竖屏视频宽高比建议为 9：16，时长、视频码率、分辨率等其他参数可参照平台具体要求。

此外，为遏制错误虚假有害内容传播蔓延，营造清朗网络空间，在发布短视频时还要注意内容是否符合相关法律法规。通常各短视频平台为了自身的良好发展，保证持续输送健康和正能量的视频内容，会制定自己的规则和算法，如抖音平台依据相关法律法规制定《抖音社区自律公约》，平台用户如果违反该公约将面临相应的处罚，如删除或屏蔽违规内容、禁言或封禁，等等。

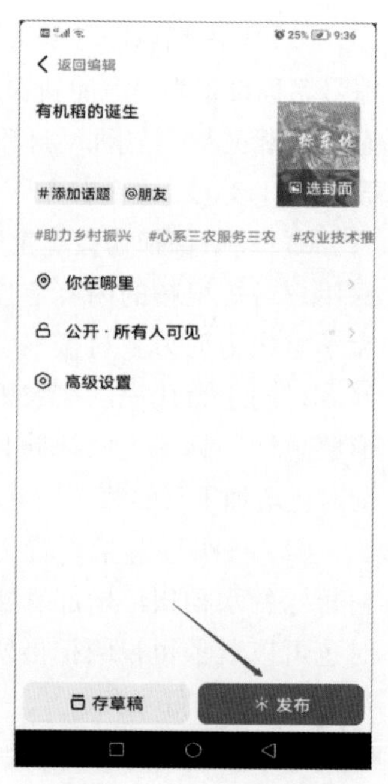

图 5-1-5 发布短视频

任务自测

在线测试

任务评价

评价项目	评价内容	自我评价等级				
		优	良	中	较差	差
知识评价	能够掌握短视频账号主页的相关设置					
	能够掌握短视频发布的前期准备					
	能够掌握平台的内容规范要求					
技能评价	具有进行短视频上传与发布的能力					
	具有知识迁移的能力					
创新素质评价	能够清晰有序地梳理与实现任务					
	能够挖掘出课本之外的其他知识与技能					
	能够利用其他方法来分析与解决问题					
	能够进行数据分析与总结					
	能够培养学生的社会责任感与乡村振兴意识					
	能够正确看待运营师职业素养问题					
	能够诚信对待作业原创性问题					

续表

课后建议及反思	

任务拓展

文本资料：短视频主要数据指标

任务2 短视频推广

任务导入

现在，“湘果工作室”团队已经能够顺利将拍摄制作好的短视频在平台上上传、发布了。但是他们发现，发布后，短视频的各项数据、如浏览量、点赞量、收藏量等都没有取得很好的效果。“湘果工作室”团队通过查阅资料，了解了现在各短视频平台的发展情况，并学习观摩了大量优质的短视频账号。在学习过程中，他们明白了运营短视频账号，并不是仅仅将短视频上传到平台就可以的。在短视频发布过程中，有很多可以提高短视频曝光量的方法，在进一步的付费推广上，更是有很多技巧需要钻研。可以说，一个短视频作品的成功，不仅取决于短视频本身的质量，更依赖于后期的发布与推广。

任务描述

尽管在短视频平台的第一次尝试没有取得理想的效果，但是立志服务乡村振兴的“湘果工作室”团队并没有气馁，湖南溆浦县标东垅村村民们也没有泄气，他们准备一起学习研究如何通过短视频让优质的农产品被更多的人看到。目前已经创建好了短视频账号，视频内容也已经制作好，如果能有合适的推广方法与技巧，一定能让传播优质农产品信息的短视频被更多人看到！现在我们来帮他们解决下面的问题吧：

问题 1：短视频在免费推广时提高推广效果的方法和技巧有哪些？

问题 2：如何利用付费推广达到更好的营销效果呢？

知识准备

微课视频：推广前期准备

微课视频：构建账号矩阵

微课视频：平台付费推广

任务实施

演示视频

一、免费推广

在抖音 App 中，如果想对有机水稻的短视频进行免费推广，我们可以在发布阶段通过对标题、封面、标签、平台矩阵等的设置，实现短视频在平台上浏览量与点击量的提升。

（1）设置特色标题。在短视频发布编辑页面中，可以添加短视频标题“你知道不用农药的有机稻怎么灭虫吗？”，提问方式的标题容易引发用户好奇心，可以使用户对短视频内容产生兴趣，进而产生点击观看的欲望，如图 5-2-1 所示。

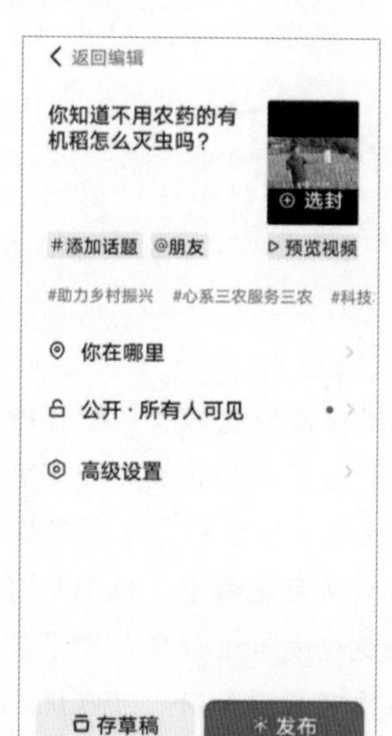

图 5-2-1　设置特色标题

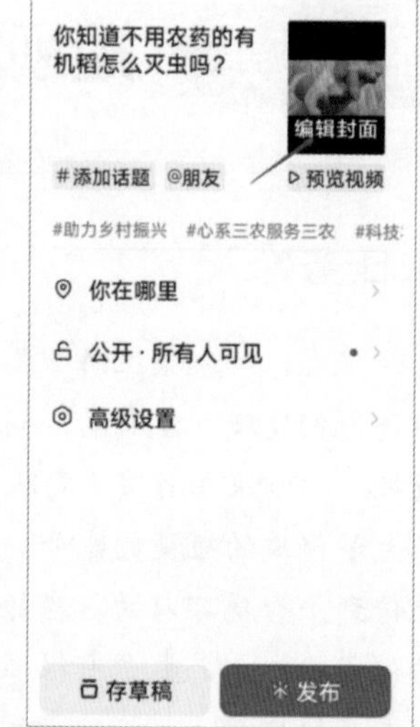

图 5-2-2　设置特色封面

（2）设置特色封面。在有机稻的视频里，我们选取第 58 秒的画面作为短视频封面，该画面内容为投放在稻田里灭虫的蜂卵塑料球特写，该封面结合标题可以进一步引发用户的好奇心，如图 5-2-2 所示。

（3）设置特色标签。在编辑框下方，系统会根据视频内容推荐部分标签，也可以自己通过“#”来新建标签。一般情况下，我们会选择平台推荐的标签，平台标签的阅读量较大，能得到平台更多的推荐，从而增加短视频的阅读量与曝光度。在这里我们根据视频相关度选择“#科技农业创新农业 # 新农人计划 2023# 我为家乡农产品代言 # 抖音助农”，如图 5-2-3 所示。

（4）利用平台矩阵实现互动引流。在设置好标签后，可以通过单平台矩阵的方法 @ 其他相关的短视频账号来进行互动引流，比如溆浦县融媒体官方账号、溆浦县农村农业局官方账号、粉丝量较高的新农人账号等，还可以 @ 抖音小助手，如图 5-2-4 所示。抖音小助手是抖音官方账号专门评选精品内容的服务助手，只要短视频内容足够优秀，在发布该短视频时 @ 抖音小助手，该短视频就有机会被评选为精品内容，并得到抖音小助手的推荐，甚至被转发到官方平台上，提高成为热门短视频的概率。

图 5-2-3 编辑短视频标签

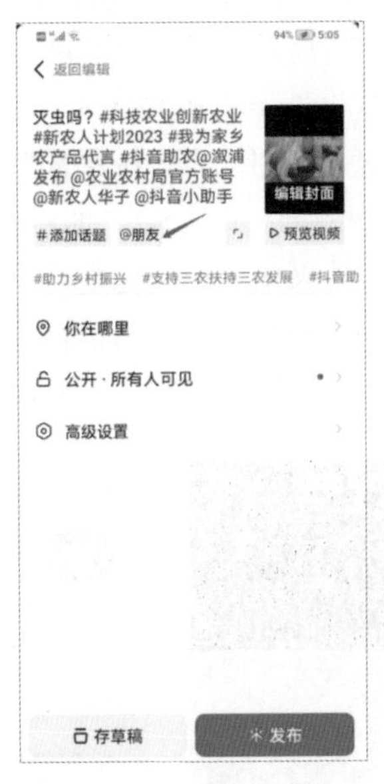

图 5-2-4 互动引流

（5）选择多个平台同步推广。为了加大宣传，增加曝光度，还可以选择在多个短视频平台上创建名字相同的短视频账号，这样更便于粉丝识别作者账号，同时也可以增加不同平台的用户观看量。快手平台的账号如图 5-2-5 所示。

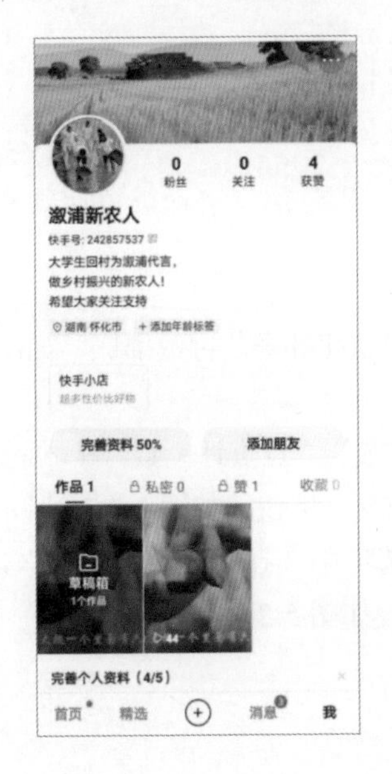

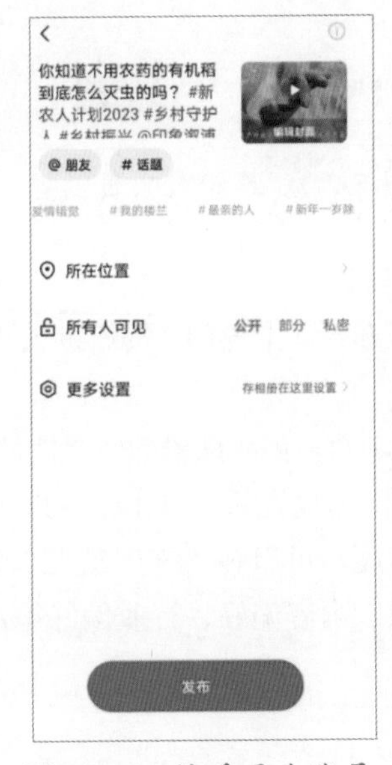

图 5-2-5 快手平台账号

二、付费推广

如果短视频没有得到理想的反馈数据，还可以采取付费的方式进行推广。

在抖音平台进行付费推广操作如下。

（1）点击右下角“我”选项，选择需要推广的作品，点击“…”按钮，如图 5-2-6 所示。

（2）在展开的工具栏中点击“上热门”按钮，进入“DOU+”中的“速推版”页面，设置希望推荐的人数，这里选择“5000 人 +”选项，也可以选择自定义设置推荐人数；选择希望提升的项目，有“点赞评论量”和“粉丝量”两个选项可以选择，如果是第一次进行付费推广，可以选择“粉丝量”按钮，如图 5-2-7 所示。最后点击“支付”按钮即可。

（3）在推广时如果想更精确地进行推广，可以选择“定向版”。在“定向版”中，可通过选择“自定义定向推荐”，设置目标投放用户的性别、年龄、地域、兴趣标签、达人相似粉丝等，如图 5-2-8 所示，提高短视频投放的精准度。

图 5-2-6　进行更多设置

图 5-2-7　速推版项目设置

图 5-2-8　定向版项目设置

在快手平台进行付费推广操作如下。

（1）进入作品后，点击作品下方的“上热门”按钮进入“快手粉条”付费推广，如图 5-2-9 所示。

（2）在页面中设置希望提升的项目，如“涨粉数”“播放数”“点赞评论数”等，完成“投入金额”“推广多久”“推广给谁”的设置后，点击“立即支付”按钮，如图 5-2-10 所示。

（3）如果想要提高投放的精准度，可以在“推广给谁”选项中选择“自定义人群”，设置目标投放用户的性别、年龄、地域、内容偏好、行业偏好等，如图 5-2-11 所示。

图 5-2-9 上热门

图 5-2-10 设置推广参数

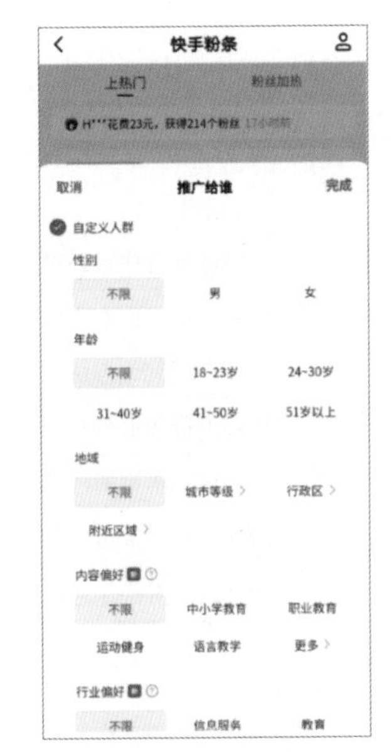

图 5-2-11 自定义推广人群

任务自测

在线测试

任务评价

评价项目	评价内容	自我评价等级				
		优	良	中	较差	差
知识评价	能够掌握短视频推广的前期准备					
	能够掌握单平台账号矩阵的相关技巧					
	能够掌握多平台账号矩阵平台的分析					
	能够掌握平台付费推广操作					
技能评价	具有构建短视频账号矩阵的能力					
	具有进行平台付费推广的能力					
	具有知识迁移的能力					

续表

评价项目	评价内容	自我评价等级				
		优	良	中	较差	差
创新素质评价	能够清晰有序地梳理与实现任务					
	能够挖掘出课本之外的其他知识与技能					
	能够利用其他方法来分析与解决问题					
	能够进行数据分析与总结					
	能够培养学生的社会责任感与乡村振兴意识					
	能够正确看待运营师职业素养问题					
	能够诚信对待作业原创性问题					
课后建议及反思						

任务拓展

文本资料：短视频平台算法推荐流程

任务拓展：短视频高推荐量的相关维度

项目小结

本项目通过2个任务，让同学们逐步掌握了短视频账号的名称、头像和简介的设置，掌握了短视频推广的前期准备，即短视频的封面、标题、标签、文案的设置，掌握了如何在不同平台进行付费推广操作，具备在多平台发布短视频及推广的能力，培养学生服务乡村振兴的社会责任感与短视频运营师的职业素养。